海口火山

SCIENCE TRAVEL GUIDE
科学导游指南

赵志中 主编

地质出版社
·北京·

图书在版编目（CIP）数据

海口火山科学导游指南／赵志中主编．—北京：地质出版社，2024.5

ISBN 978-7-116-13973-2

Ⅰ.①海… Ⅱ.①赵… Ⅲ.①火山－地质－国家公园－旅游指南－海口 Ⅳ.① S759.992.661

中国国家版本馆 CIP 数据核字（2023）第 257336 号

HAIKOU HUOSHAN KEXUE DAOYOU ZHINAN

责任编辑：	贺秋梅
责任校对：	田建茹
出版发行：	地质出版社
社址邮编：	北京市海淀区学院路 31 号，100083
电　　话：	(010) 66554528（邮购部）；(010) 66554611（编辑部）
网　　址：	https://www.gph.clmpg.com
传　　真：	(010) 66554576
印　　刷：	北京地大彩印有限公司
开　　本：	889mm×1194mm $\frac{1}{32}$
印　　张：	4.25
字　　数：	130 千字
版　　次：	2024 年 5 月北京第 1 版
印　　次：	2024 年 5 月北京第 1 次印刷
定　　价：	48.00 元
书　　号：	ISBN 978-7-116-13973-2

（版权所有·侵权必究；如本书有印装问题，本社负责调换）

丛书主编

陈安泽
著名旅游地学专家、中国地质科学院研究员

《海口火山科学导游指南》编辑委员会

主　　任 // 张俪缤
委　　员 // 韦积海　赵志威　陈凯莉　陈　蔚　郑程升
主　　编 // 赵志中
编　　者 // 赵志中　赵　晋　陈鸿翔　郭文旭　傅建利　姚海涛
图片提供 // 海口市石山火山群国家地质公园管理处

主编的话

地质公园（Geopark）是21世纪涌现出来的一项新生事物，是地质工作开拓服务领域的一项创举，是旅游业的一个新品牌。顾名思义，地质公园是以地质遗迹为主要观赏、游览对象的公园。地质遗迹听起来似乎有些陌生，其实自然界的山山水水、古生物化石等都属于地质作用形成的地质遗迹，那些以真山真水构成的自然公园，都属于地质公园的范畴，只不过在21世纪之前没有正式命名罢了。我国地学家在20世纪70年代末期从中国蓬勃兴起的旅游业服务中萌发出建立地质公园的思想，为了保护地质遗迹和为旅游业提供具有地学知识含量的旅游场所，于1985年先后向国务院和地质矿产部提出建立"地质公园""国家地质公园"的建议，但因当时时机尚不成熟而未能正式实现。20世纪末，联合国教科文组织提出了建立"世界地质公园网络（UNESCO Network of Geoparks）"的倡议，中国旅游地学家抓住这个机遇，于1999年向国土资源部提出建立地质公园的建议，国土资源部接受了建议，决定开展中国国家地质公园计划。2000年末，云南石林等中国首批国家地质公园诞生，也是世界上第一次出现"国家地质公园"。到2021年止，中国已建成281处国家地质公园。在中国及欧洲的推动下，2004年世界地质公园正式面世，现今中国已有44处地质公园成为联合国教科文组织"世界地质公园网络"成员，并有大批省级地质公园建立。在短短的近20年中，一个管理级别有序、地质景观类型多样、地理分布面广的中国地质公园体系已初步建立，地质公园已成为最受欢迎的旅游对象之一，并展现出光明的发展前景。

地质公园建设担负着三项主要任务：第一，保护自然环境，保护地质遗迹；第二，普及地球科学知识，促进全民科学素质的提高；第三，开展旅游活动，促进地方经济社会可持续发展。地质公园中不但含有各种具有特殊科学价值和美学价值的地质地貌景观，同时往往含有其他重要价值，如人文景观和丰富多彩的生物、气象景观。游人在地质公园中，不但可以欣赏到山水美景，享受到优良的生态环境，还可以在游览中顺便获得许多地学、生物学和历史文化方面的知识，增加游兴，获得高层次的精神享受。

但是，由于山水形成的原理较为深奥，许多游人在游山玩水中想获得这些知识却缺乏途径。为了把地质公园内涵丰富的科学价值、美学价值和历史人文等信息更好地传递给公众，使游人在欣赏山川美景、享受自然风光的同时，能够获取科学知识、感悟历史文化熏染，我们在各级自然保护地管理部门和各地质公园的支持下，组织了国内著名的旅游地学专家，编纂《中国国家地质公园丛书》。截至目前，已公开出版了庐山、五大连池、黄山、石林等几十册，受到了读者的热烈欢迎，也极大地鼓舞了编写人员的创作热情。通过努力，计划逐步完成丛书的出版工作，形成一套面向地质公园公众科普的基础研究成果和出版物。

《中国国家地质公园丛书》以国家地质公园为单位，从科学导游的角度，深入浅出、图文并茂地阐述各地质公园中各类地质地貌景观的形成演变、发展过程，同时还系统地介绍公园其他自然和人文景观，使科学和人文融为一体，把各种景物按园区和旅游线路组织起来，方便读者阅读使用。另外，丛书也介绍了游览公园周边风景名胜及游玩地质公园时如何安排吃、住、行、游、购、娱等实用信息，对自助旅游可以起到较好的指导作用。《中国国家地质公园丛书》还是了解中国自然山水、人文历史的知识宝库，具有重大的收藏价值。衷心感谢地质公园同仁、地质公园管理者、各位作者以及出版社等在编辑出版过程中的大力支持与协助。

主编

2024年4月

目录
CONTENTS

海口石山火山群纵览　1
2 — 地理概况
4 — 气象水文条件
7 — 地质公园概况

地质地貌概况　9
10 — 地质背景
12 — 地质历史
20 — 地貌概况

地质遗迹与景观　21
22 — 火山口及火山锥
38 — 火山熔岩隧道景观
43 — 火山岩剖面
46 — 水体景观
49 — 公园周边的地质遗迹景观

生态及人文景观　53
54 — 动植物生态
61 — 古迹名胜
68 — 革命史迹
73 — 民俗文化及景观

游览海口石山火山群　75

76 — 北部园区
80 — 南部园区
82 — 游览海口

探秘海口石山火山群　85

86 — 琼北火山群的形成
90 — 火山熔岩隧道成因

游览资讯　98

99 — 交通指南
102 — 特色住宿
106 — 风味美食
109 — 游览指南
114 — 休闲娱乐
118 — 特色产品
121 — 景区常用电话
122 — 游客须知

主要参考文献资料　123

海口石山火山群纵览

地理概况
气象水文条件
地质公园概况

地理概况

海口石山火山群国家地质公园位于海南省海口市西南部的石山镇和永兴镇,距离省会海口市中心仅约 15 千米。地理坐标为北纬 19°49′20″~19°58′35″,东经 110°09′30″~110°17′25″。

海口石山火山群国家地质公园园区位于海南省省会海口市境内,行政区划属海口市秀英区的石山镇和永兴镇,距离海口市中心约 15 千米。地质公园园区地貌类型单一,属火山岩台地,

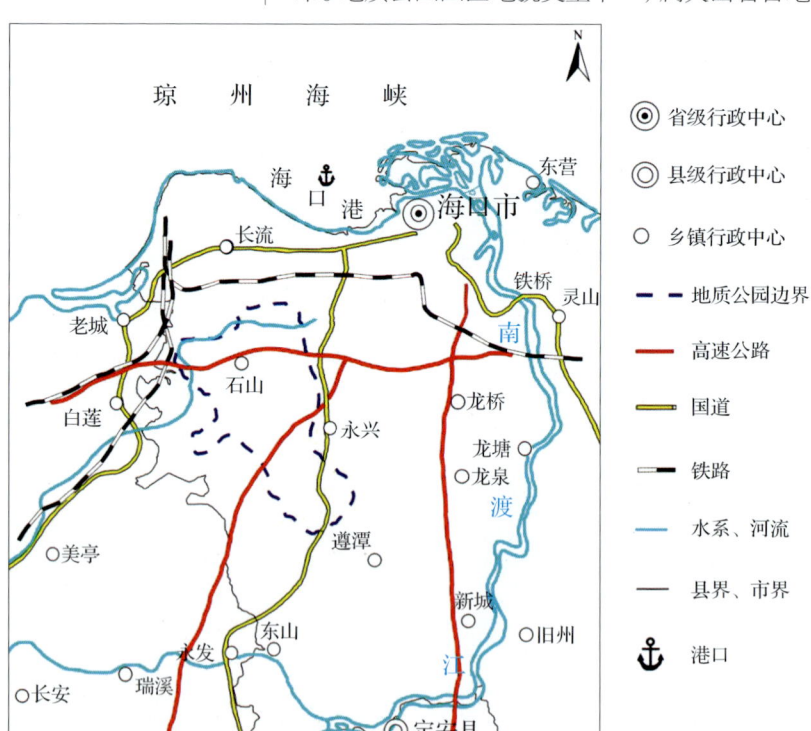

HAIKOU VOLCANOES 海口火山

海拔大多在100米以下，位于地质公园园区主景区的风炉岭火山口海拔222.8米，为海口市最高点。

海口石山火山群国家地质公园园区为一沿火山群分布的区域，北至石山富教村，东南至永兴永昌村，西南至永兴杨南农场，西北至石山一字岭，建设面积为108平方千米。区内环岛高速、海榆中线高速、国道通过，以此为基线辐射出许多次一级公路，构成区内四通八达的交通网络。

◀ 海口石山火山群国家地质公园地理位置图
▲ 风炉岭顶部海口制高点标识牌

气象水文条件

> 海口石山火山群国家地质公园地处海南省海口市，属热带向亚热带过渡区，热带海洋性季风气候，气候温暖潮湿，年平均气温23.8℃。园区及周边有玉凤水库、永庄水库等，海南省的第一大河——南渡江在园区外围南侧流过；地表缺水，但有丰富的地下水。

气候条件

海口石山火山群国家地质公园地处低纬度热带北缘，属于热带海洋性季风气候，气候温暖宜人，长夏无冬，极利于各种植物生长，具植物群落的独特性和多样性，为各类野生动物提供了丰富的食物和理想的栖息繁衍场所，动物种类丰富。海口北濒南海，海洋性气候特征也特别显著，具有温暖多雨、光热充足、温差较小、无霜期长等气候特征。春季温暖少雨多旱，夏季高温多雨，秋季湿凉多台风暴雨，冬季干旱时有冷气流侵袭带来阵寒。降水时期集中，雨季分明，主要集中在5—10月，占年降水量的81.9%，多为热带气旋雨和对流雨(热雷雨)，水热同期，11月至翌年4月是少雨季节，常有冬春旱发生。灾害性天气主要有台风、暴雨、雷电、大雾、大风、干旱。

全年日照时间长，辐射能量大，年平均日照数2000小时以上。年平均气温24.4℃，年平均最高气温28.2℃左右，年平均最低气温18℃左右。月平均最高气温28.8℃，出现在7月；月平均最低气温18.0℃，出现在1月。年平均降水量1816毫米，降水日数(日降水量=0.1毫米)102天。年平均日照时数1954.7小时。年平均蒸发量1834毫米，平均相对湿度85%。常年以东北风和东南风为主，年平均风速3.4米/秒。

水文条件

海口石山火山群国家地质公园土壤主要由火山喷溢物经风化后发育而成的土壤，成土母质为玄武岩，土体含有大量的火山灰、火山砾石，孔隙较大，玄武质在热带雨林或季雨林植被条件下，经高温多雨的淋滤和有机质富集，形成了极具特色的砖红色风化土层。风化红土持水性能强,富含 Mg、Cu、Fe、Ti 等元素和矿物质,矿物除高岭石、蒙脱石外,还有少量的针铁矿、水云母、绿泥石、石英和极少量的重矿物等,有机质含量高,利于植物及热带经济作物的生长。年平均蒸发量大于年平均降水量,地表整体上表现为工程性缺水,但有丰富的浅层地下水。松涛水库二级干渠从公园北部经过,园区外围有玉凤水库、永庄水库、道兴水库、美造水库等。园区内部地势低的地方也有泉水出露,比较知名的有头本章泉与荣烈泉等,还有其他一些小的泉水。海南省的第一大河——南渡江在园区外围南侧流过。

▼ 南渡江景色(http://www.hnhfang.com)

海口石山火山群国家地质公园地表虽然属工程性缺水,但有丰富的浅层地下水,园区地下水含水层为火山岩潜水含水层和承压含水层,主采层为火山岩潜水含水层。

火山岩潜水含水层:岩性为深灰色、灰色、紫红色气孔状、微气孔状橄榄玄武岩及碎屑岩;含水层深度一般为8~28米,小者5.84米,最厚达35.14米;水位埋深为0~21.35米,最大水位埋深为41米,富水性不均一,但富水性较强;包气带岩性主要为玄武岩及其风化红土,厚度为0~41米,区内补径排条件较好,年水位变化幅度为0.27~17米。

承压含水层:为次于火山岩潜水含水层的第二重要开采层。岩性为灰色、灰白色砂砾石、含砾中粗砂等;含水层厚度为9.04~89.27米,水位埋深为15.85~43.68米;补径排条件好,年水位变化幅度约为0.63米。

地质公园概况

海口石山火山群国家地质公园位于海南省海口市西南部的石山镇与永兴镇境内,在地质遗迹上属于地堑-裂谷型基性火山地质遗迹,也是中国为数不多的全新世火山喷发活动的休眠火山群之一。地质公园以火山地质遗迹为主,融合了热带雨林中独具特色的火山文化,成为海口的标志性景区。

海口石山火山群国家地质公园具有丰富的火山地质遗迹,石山火山群为全新世火山喷发活动的休眠火山群,在100多平方千米的范围内,分布了40座各种类型的火山和30余条火山熔岩隧道、典型的火山岩剖面及其他地质遗迹与景观。地质公园内火山锥类型多种多样,包括熔岩锥、碎屑锥、混合锥和玛珥火山等类型。海口石山火山群地质公园内风炉岭、包子岭为混合锥类型,风炉岭是海口保存最为完整的第四纪全新世混合锥火山,火山岩相和火山地貌保存完整,有两个外寄火山口,整体形状上宽下窄,呈漏斗状,东北面有呈"V"形岩浆出口。包子岭是保存较为完整的第四纪全新世混合锥火山,锥体由玄武岩和火山渣构成,火山口为一圆形,北侧山腰为火龙洞、乳花洞熔岩隧道,隧道内熔岩、钟乳形态各异,如蝴蝶翩翩飞舞,又如花朵密密麻麻,具有一定的旅游价值和科学研究价值。在地质公园北侧也出露有仙人洞、七十二洞等熔岩隧道,隧道的天窗、奇特裂隙皆可见,恰如其名,仙人居住,世外桃源。地质公园内玉库岭为全新世碎屑锥火山,整体上火山地形不明显,西北侧耕地占据较大面积,受人类活动影响大。好秀岭和双池岭是晚更新世道堂期形成的玛珥火山,规模小,完整性一般,但是这些火山口由于地势低平,成为热带经济作物种植区,形成了独特的火山田园风光。地质公园南部的雷虎岭为一混合

▲ 风炉岭火山风光（http://www.haikou.gov.cn）

锥，为公园内最大的火山锥，其火山口直径近300米，主要由火山碎屑岩构成，在火山口垣和火山口内见熔岩岩块，其下为凝灰岩和玄武岩。罗京盘为一负火山口，火山口底部平坦，中心凸起一熔岩丘，丘中部有一小火山口，积水成塘；整个破火山口完全封闭，风化红土已全面开垦，田块呈辐射状，边坡为梯田，呈环状，像一块小盆地，酷似运动场，呈现一派优美的田园景色。

海口石山火山群国家地质公园内生态完好，有种类丰富的野生植物，其中海南特有的有40多种，被列为国家一级保护植物名录的有苏铁、坡垒、海南黄花梨等，被列为国家二级保护植物名录的有黄檀、粗榧、土沉香、见血封喉等10多种；有野生动物140种，其中红胸角雉、山鹧鸪、海南虎斑鳽等5种为海南特有种，被列入国家一、二类重点保护名录的有蟒蛇、唐鱼、海南山鹧鸪等13种。

地质地貌概况

地质背景
地质历史
地貌概况

地质背景

海口石山火山群国家地质公园位于区域性大断裂王五－文教断裂以北的琼北断陷盆地区，区内地表出露岩性以第四纪玄武岩和松散沉积层为主。区内第四纪火山活动强烈、频繁，分布有大量的第四纪火山口。区内新构造运动发育，是海南新构造运动迹象发育最集中的地区，直接控制着地形地貌的发育过程和形态特征，与人类活动和国民经济建设的关系极为密切。

琼北火山群位于欧亚板块的东南缘，受到菲律宾板块、印度板块和南海海盆扩张的联合作用与影响，构造作用、火山活动和地震活动强烈。琼北地区所在大地构造位置属于华南褶皱系五指山褶皱带，其以东西向王五－文教构造带为界，进一步划分出两个次级构造单元：北面为雷琼断陷区，南面为五指山隆起区。

海南石山火山群国家地质公园所在区沉积了巨厚的古近纪—新近纪海相碎屑岩、泥质岩，第四纪基性火山岩、陆相和海相松散沉积物；基底为华力西期—印支期、燕山期花岗岩、中元古界长城系抱板群及白垩纪地层，发育中元古代、古生代、中生代、新生代地层及华力西期—印支期、燕山期花岗岩。区内构造运动频繁，自中元古生代以来，至少经历了中岳运动、加里东运动、华力西运动、印支运动、燕山运动和喜马拉雅运动。白垩纪沉积盆地主要受北东向构造的控制。在燕山运动之后，近东西向断裂的作用形成了新生代断陷盆地。古近纪末，该区曾发生过准平原化。新近纪初，琼北地区上地幔隆起，地壳发生拉张使原有的断裂继承性活动，主要以近东西向断裂的强烈活动为主，整体地貌呈阶梯状向北下降，海水广泛侵入，重新形成近东西向的断陷盆地。盆地内部由于北西向断裂的切割，形成垒堑相间的条块构造。新近纪末，盆地上升，发生海退，伴随有多次火山喷发。第四纪，地

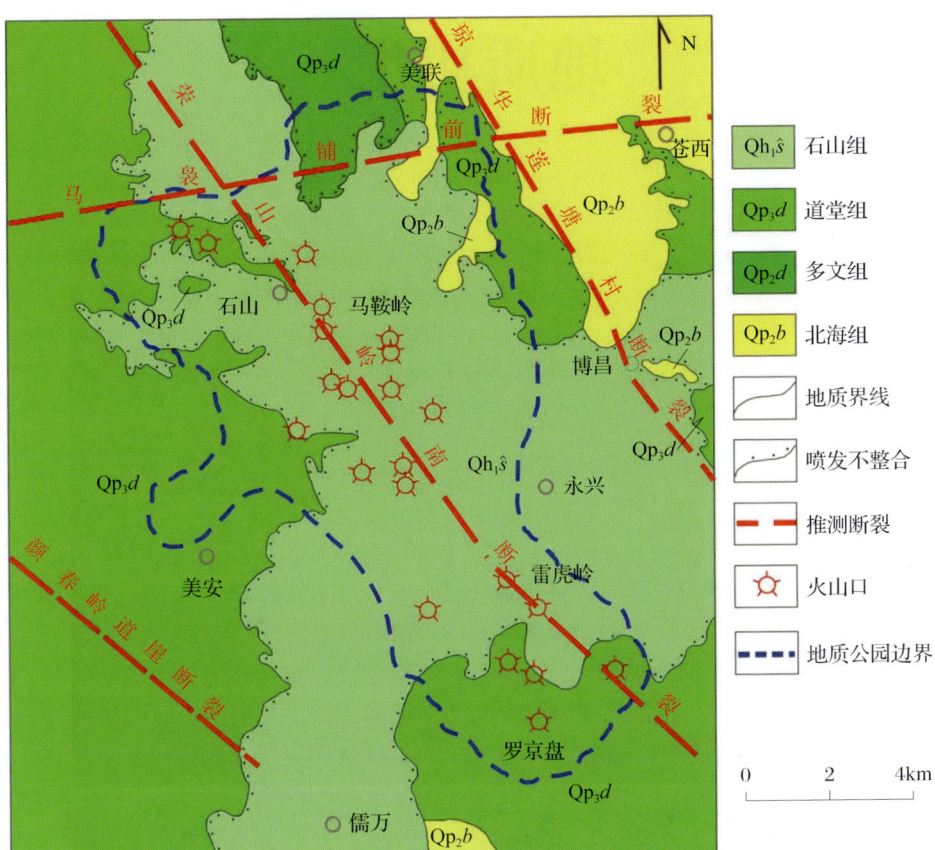

壳以断块差异升降活动为主，加之继承性断裂活动，伴随有大量火山喷发和多次地震活动，区内壮观的火山地貌大都在此时期形成。区内地表出露岩性以第四纪玄武岩和松散沉积层为主，区内第四纪火山活动强烈、频繁，分布有大量的第四纪火山口。

▲ 海口石山火山群国家地质公园园区地质图（据海南省地质调查局，2018，有修改）

地质历史

海口石山火山群国家地质公园位于欧亚板块的东南缘，受到板块运动和海盆扩张的联合作用与影响，构造运动和火山活动强烈。琼北地区地质历史上经历过多期的构造运动，自新近纪至第四纪区内火山作用十分频繁而强烈。该区地层以第四纪火山岩和松散沉积物为主，包括第四系石山组、道堂组、多文组和北海组，该区域的火山岩大都认为是全新世火山活动所形成的，主要为结壳熔岩，火山喷发方式接近于夏威夷型向斯通博利型过渡类型。

地层

海口石山火山群国家地质公园地层隶属华南地层大区东南地层区五指山地层分区海口地层小区，区内出露的地层以第四纪火山岩和松散沉积物为主，包括第四系全新统未分组、石山组、道堂组、多文组和北海组。

第四纪全新统未分组（Qh）：分布于园区外东北侧，为全新世河流相堆积物，沉积物主要为砂质黏土、黏土质中细砂、砂、砂砾。

石山组（Qh_1s）：大面积分布于园区中部，为一套火山地层，按岩性组合特征可划分为两段。第一段岩性上部为气孔状橄榄拉斑玄武岩，下部为气孔状橄榄玄武岩、橄榄玄武岩夹橄榄粗玄岩，局部底部为含集块火山角砾熔渣状橄榄玄武岩，属爆发–喷溢亚相，局部的气孔状橄榄玄武岩发育熔岩洞穴、熔岩隧道；第二段岩性为熔渣状、浮岩状橄榄玄武岩，局部为玄武质浮岩，属火山口相。

HAIKOU VOLCANOES 海口火山

▲ 风炉岭的火山熔岩

道堂组（Qp_3d）：在园区西部和东南部大面积分布，园区东北部零星见及，为一套火山地层，共分为三段。下段岩性为薄层状玄武质沉岩屑晶屑凝灰岩、沉玻屑晶屑凝灰岩、沉晶屑岩屑凝灰岩及玄武质沉凝灰岩，含海绿石及微体化石，底部偶夹一层微气孔状橄榄拉斑玄武岩和一层凝灰质含砾砂岩，相变为凝灰质含砾砂岩、含砾粉砂岩或亚黏土、黏土层，含炭化木，属喷发-沉积相；中段岩性为暗灰色气孔状橄榄玄武岩夹橄榄玄武岩或橄榄拉斑玄武岩，当上段缺失时，顶部岩石就发生古红土化，出现7~8米厚的古红土层，属爆发-喷溢亚相；上段岩性为玄武质沉岩屑玻屑凝灰岩，含海绿石、有孔虫化石，局部底部为沉火山角砾岩，相变为凝灰质砂岩、砂砾岩或黏土、亚黏土层，含炭化木，属喷发-沉积相。

多文组（Qp_2d）：分布于园区北侧，为中更新世多文岭期形成的一套基性火山熔岩、部分火山口附近的火山碎屑岩，上、下段之间存在喷发间断，表现为二者风化程度及红土化程度存在明显差异。上段岩性为辉石橄榄玄武岩、橄榄辉石玄武岩、橄榄玄武岩，风化程度弱，未见红土化现象；下段岩性为橄榄辉石玄武岩、粗玄岩(辉石玄武岩)、辉石橄榄玄武岩，风化程度强，普遍见红土化现象。

北海组（Qp_2b）：主要分布于园区东北部，为一套陆相冲洪积相沉积物，上部岩性为橘黄、棕红、褐红色亚黏土、亚砂土、含铁质结核；下部岩性为黏质砂、砂砾、砾石层，常含玻璃陨石和铁质结核。

区域火山地质

琼北地区马鞍岭—雷虎岭区域的火山群是全新世的火山活动的产物，该活动时期统称为石山期或雷虎岭期，地层称为全新统石山组。马鞍岭一带出露的火山岩为全新世最新期火山作用所形成的火山岩地貌。

雷虎岭期形成的火山锥包括雷虎岭、群修岭、群香岭、杨南岭、儒洪岭、美宁岭等。熔岩流规模大，流动距离远，向北东向流经永兴、薄片村直至龙桥，向南西向流至昌甘、美杏村等地，流动距离可达15千米。熔岩流属结壳熔岩，后期熔岩流多继承、沿袭早期熔岩隧道运移。昌道岭西侧发育熔岩溢出塌陷坑，熔岩自溢出口涌出先向南流动，遇雷虎岭晚期熔岩流阻挡后向东、西两侧流动，流动距离约8千米，熔岩流覆盖在雷虎岭晚期熔岩之上。昌道

▼ 琼北地区全新世火山熔岩流分布图（据魏海泉，2003，有修改）

岭期熔岩流前缘高出雷虎岭晚期熔岩流2~3米,部分地方可达5米左右。马鞍岭锥体形成的早期熔岩流向北西向长距离运移,熔岩隧道对熔岩流的搬运起着重要作用,晚期熔岩流主要在风炉岭东侧分布,形成了短而窄的条带状熔岩流。马鞍岭亚期形成的熔岩流主要分布在马鞍岭周围及西北侧的较远地区。

在构造类型上,海口石山火山群熔岩流构造类型以结壳熔岩占绝对优势。马鞍岭及以北一带的大部分区域为结壳熔岩,也可见一少部分的块状、渣状熔岩。在火山岩岩性上,

▲ 玄武岩石块

琼北地区火山岩以拉斑玄武岩为主,岩石多呈斑状结构,基质为拉斑玄武、交织、粗玄、嵌晶含长、玻基交织、玻基柱粒结构。海口石山火山群的全新世火山岩是由碱性系列玄武岩向拉斑玄武岩过渡,火山群内以橄榄拉斑玄武岩和石英拉斑玄武岩为主,特征为由橄榄拉斑玄武岩向石英拉斑玄武岩过渡。

根据爆发强度和岩浆成分的特点,全球现代火山喷发可划分为6种主要的类型,即夏威夷式、斯通博利式、武耳卡诺式、培雷式、布里尼式和卡特曼式。夏威夷式喷发的特点是岩

▼ 火山喷发

浆黏度小，流动性大，气体含量少，表现为比较安静的溢流，爆发系数一般小于10，岩浆成分多为玄武岩，形成大面积分布的玄武岩岩被。斯通博利式喷发的熔岩比夏威夷式的黏一些，成分仍以玄武岩为主，也可以是安山岩，熔岩流主要为块状熔岩，也有少数的绳状熔岩，以长期平稳地喷发并伴有间歇性的爆发为特征，爆发系数为30~50。根据调查，整个海口石山火山群国家地质公园园区内基本为较平稳溢流形成的大面积的玄武岩岩被，存在少量的块状熔岩、渣状熔岩，火山喷发方式接近于夏威夷式向斯通博利式过渡类型。

地质构造

琼北火山群位于欧亚板块的东南缘，受到菲律宾板块、印度板块运动和南海海盆扩张的联合作用与影响，构造活动强烈。海口石山火山群国家地质公园位于琼北新生代断陷盆地内，盆地的形成、演化受控于南侧的近东西向王五－文教断裂。近东西向断裂控制盆地的形成和发展，北西向断裂控制内部次级构造的形成，二者共同导致了断陷盆地内凹陷与凸起相间分布的格局。所包含的次级构造是福山地堑的东南伸出部分和云龙地垒。褶皱构造不发育，仅在长昌盆地出露小规模褶皱，表现为长昌向斜，此向斜分布于长昌盆地中，南段轴向近南北向，北端向东弯曲呈北东向。向斜东翼有一次级背斜和向斜，轴向近南北向。琼北火山群整体格架主要由近东西向和北西向的构造组成，有近东西向马袅－铺前断裂，北西向颜春岭－道崖断裂、荣山－岭南断裂及琼华－莲塘村断裂等，但主要隐伏分布于第四系和火山岩盖层之下。

王五－文教构造带展布于北纬19°45'左右，区域上横贯文昌、儋州、定安、澄迈、临高等市县，总长210千米，在卫星影片上显示为一清晰的东西向线性带，在重力、航磁异常图上也有反映。该构造带是控制琼北新生代地震、火山喷发和琼北凹陷的主要构造带，也是近期尚在活动的构造带之一。在文昌铜鼓岭及宝陵港一带，该构造带可见宽10米的破碎带，倾向南，倾角60°~70°，由浑圆状角砾岩、糜棱岩等组成，并派生次级劈理带，具左旋压扭性特征。

马袅－铺前断裂展布于园区外北侧，西起马袅，向东经长流至铺前，陆上长约100千米，总体走向为北东向80°~85°，倾向北，陡倾角，正断层，受北西向断裂切割，平面上不连续展布。该断裂带由多条断裂组成，在东坡及琼山新近系断错分别为150米及200米。

颜春岭－道崖断裂展布于园区外西南侧，美安以西一带，是花场凸起和白莲凹陷的边界断裂，总体走向320°，倾向北东，地貌上表现为一系列火山口呈线状排列。该断裂的两侧地层不连续，白莲一带断裂两侧海口组贝壳碎屑岩底板有98米的落差。

荣山－岭南断裂由北西向南东穿越整个园区，是控制园区内火山活动的主要断裂，总体走向324°，断裂倾向南西，倾角大于60°，沿断裂存在明显的重力梯级带。地貌上表现为一系列火山口呈线状排列。该断裂北东盘抬升、南西盘下降，长流一带断裂两侧海口组贝壳碎屑岩底板有77米的落差，断裂下部断距约700米，上部断距较小。

琼华－莲塘村断裂总体走向330°，断裂倾向南西，倾角较陡。该断裂北东盘抬升、南西盘下降，狮子岭一带断裂两侧海口组贝壳碎屑岩底板有56米的落差。

区域矿产

海口石山火山群国家地质公园主体为火山岩覆盖区，区内玄武岩、凝灰岩的石材资源丰富，因地质遗迹保护需要，严禁采石，仅有个别以前采石场遗留下的矿坑。

HAIKOU VOLCANOES 海口火山

除玄武岩等石材矿外，海口石山火山群国家地质公园区域内的火山矿泉水资源也十分丰富，由此生产的"椰树""火山岩""金盘"牌等矿泉水享誉国内外。在园区地下深部（350米）以下，还储藏有丰富的地热水，具有较高的开发价值。

▼ 龙水

地貌概况

> 海口石山火山群国家地质公园位于海南岛北部的第四级台地上，整体地形平缓，地势较低，海拔一般在100米以下，园区内最高处为风炉岭火山口，海拔222.8米，也是海口市海拔最高点。区内地貌类型单一，以火山地貌为主。

海口石山火山群国家地质公园位于海南岛北部的第四级台地上，地貌类型单一，整体地形平缓。风炉岭—包子岭—玉库岭一带为园区内地形较高地带，其中风炉岭为海口石山火山群国家地质公园最高点，同时是海口市的海拔最高点，海拔222.8米，包子岭海拔在130~190米，玉库岭的后期人为作用明显，海拔在100米左右，其西北侧地形逐渐变缓。区域上除马鞍岭（包括风炉岭、包子岭）、美社岭、昌道岭、国群岭、官良岭、儒洪岭、雷虎岭等火山外，海拔均小于150米。

▼ 从风炉岭远眺海口市及琼州海峡

地质遗迹与景观

火山口及火山锥
火山熔岩隧道景观
火山岩剖面
水体景观
公园周边的地质遗迹景观

火山口及火山锥

海南岛北部地区历史上经历过多期次的构造变动，自始新世至第四纪火山作用十分频繁而强烈，尤以第四纪以来保存完好的火山锥、火山口随处可见，火山熔岩广布，由于其物质成分的差异和喷发方式的不同，有的突兀高耸，有的成槽，有的深陷成坑，有的积水成池，也有的呈蘑菇状、碟状矗立于海边。岩浆喷发的分异和冷凝作用造成了地质公园独特的火山地貌景观。

在海南石山火山群国家地质公园范围内，分布有至少34座不同类型的火山，火山海拔为82~222米，最高者为海拔222.8米的风炉岭，最低者为海拔82米的道堂岭。火山底部直径为130~2300米，最大者为2300米的儒黄岭，最小者为130米的何群岭。火山口内直径最大为2000米的儒黄岭。火山口深度最大者为80米的群修岭。园区内火山口大体沿北西向展布，主要受北西向荣山－岭南断裂控制，均分布于该断裂附近以马鞍岭为中心和最高点，向西降至187米的抱舍岭，向南降至68米的东排岭，向东降至62米的陈水岭，向北降至100米的吉安岭。在时代分布上，园区现存的火山锥主要集中形成于全新世石山期。早期的晚更新世道堂期火山遗迹仅保留道堂岭、群香岭、永茂岭等地，包括3处火山锥、5处玛珥火山及2处熔岩丘。这说明形成时代越新的火山锥越易完整保存，反映出园区内火山活动主要集中于全新世石山期。在地貌特征上，火山活动时代越早，保存的火山锥越少。

▶ 海口石山火山群国家地质公园地质遗迹分布图

头本章泉
荣烈泉
永庄水库
海
火车南站
火山口绿色长廊
一字岭岩相剖面Ⅱ
道堂岭
吉安岭
仙人洞
一字岭
双池岭
好秀岭
七十二洞
乳花洞
石山镇
火龙洞
包子岭
榆
石林风景路
中
国群岭
风炉岭
美社岭
昌道岭
卧牛岭
线
美本岭
卧龙洞熔岩隧道
儒群岭
永兴镇
浩昌岭
博任岭
玉凤水库
美安镇
雷虎岭
群修岭
海榆西线
儒黄岭剖面
群香岭
永茂岭
罗京盘
一字岭岩相剖面Ⅰ
火山熔岩隧道
岩相剖面
火山锥
乡镇
水体
水流、水系
地质公园边界
公路
主干路
铁路
火车站

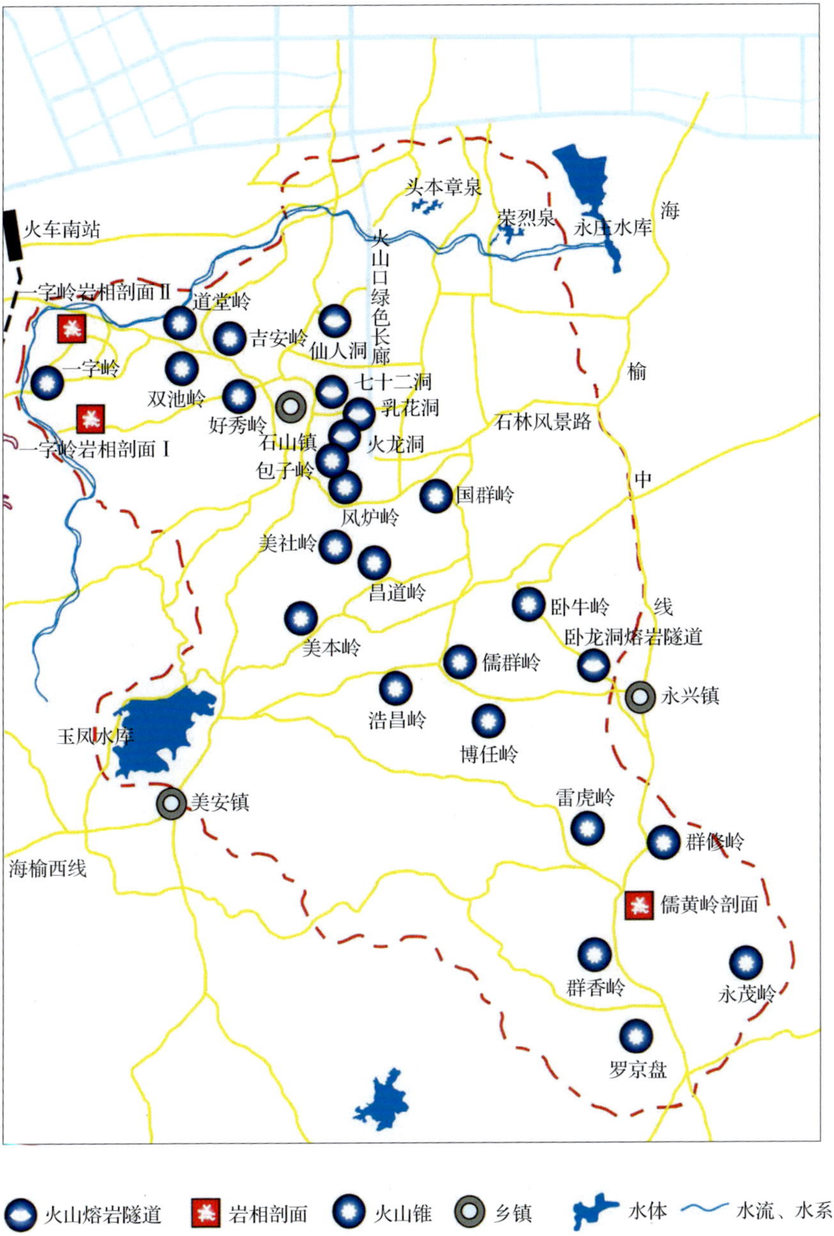

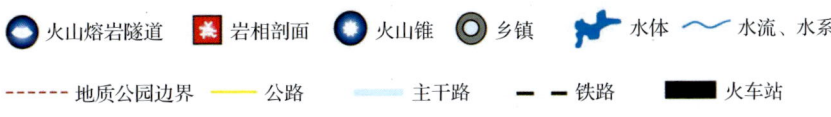

地质公园园区火山锥可分为熔岩锥、碎屑锥、混合锥和玛珥火山等几种主要类型。园区的熔岩锥几乎全部由熔岩组成，形成的锥体大而宽缓，主要由溢流玄武岩组成，锥体的形态如盾，无火山口保留，典型代表为永茂岭熔岩锥。园区的碎屑锥几乎全部由火山碎屑岩组成，包括火山渣、火山角砾、火山弹和火山灰等，结构较松散，同时锥体的面积小而比高大，显得突兀，典型代表为昌道岭、杨南岭、美社岭等。园区混合锥由熔岩和火山碎屑岩互层组成，其特点是规模较大，底径和比高都大，多数都有火山口保留，常有缺口，火山口是火山通道的位置，缺口是岩流溢出的方向，典型代表有风炉岭、雷虎岭、博任岭等。园区的玛珥火山是上升的岩浆遇到地下水（地表水）发生爆炸，形成一套由基浪堆积物组成的火山口，一般为圆形，直径和大小的变化范围很大，取决于爆炸点的深度和岩浆爆炸时与水的质量比等因素，典型的有双池岭、一字岭、罗京盘等。海口石山火山群国家地质公园发育了丰富的火山锥及火山口，其统计见下表。

海口石山火山群国家地质公园的火山主要特征简表

名称	类型	海拔/m	底座直径/m	火山口（锥）个数	内径/m	深度/m
永茂岭	熔岩锥	119.3	1500	1		
昌道岭	碎屑锥	186.8	250~350	2	200	15
美社岭	碎屑锥	176.3	700	1	150~260	50
国群岭	碎屑锥	100~157	310~380	1	110	27
官良岭	碎屑锥	140~171	230	1		
儒洪岭	碎屑锥	100~170.5	100~200	1		
玉库岭	碎屑锥	106.6	450	2	300~400	20
荣堂岭	碎屑锥	83.8	720	1	460	20
杨南岭	碎屑锥	50~120				
美本岭	碎屑锥	100	90~150	1		
道堂岭	碎屑锥	48~75	320	1		27
雷虎岭	混合锥	168.3	900	1		
群修岭	混合锥	168	900	1	50~100	80
卧牛岭（东）	混合锥	144	200	1	50	
儒群岭	混合锥	120~138	160	1	65	17
博任岭	混合锥	120~141	280~500	1	95	25
马鞍岭（南）	多重混合锥	222.2	300~600	1	120	70
马鞍岭（北）	多重混合锥	186.6	500	1	80	6

续表

名　称	类　型	海拔/m	底座直径/m	火山口（锥）		
				个数	内径/m	深度/m
吉安岭	多重混合锥	99.9	650	1	350~450	42
双池岭	低平火山口	104.6	400~500	1	200~300	15
杨花岭	低平火山口	83.8	1500	2	460	23
好秀岭	低平火山口		250~330	1		
儒黄岭	塌陷破火山口	107.4	1750~2300	1	1400~2000	25
罗京盘	塌陷破火山口	93.1	900~1000	1	400~600	35

熔岩锥（盾火山）

盾火山，几乎全部由熔岩锥组成的大型宽矮火山锥，因锥形如盾，故名之。盾火山是气体少的熔岩宁静地从火山通道多次喷溢漫流而成，故其地貌特征是面积大，较低矮，坡度小，顶、坡、麓的区分不明显，多为单锥，无火山口保留，玄武岩层厚。海口石山火山群国家地质公园内仅有永茂岭一座熔岩锥。

永茂岭熔岩锥

位于永兴镇东南4千米处，海拔119米，底座直径1500米。锥体呈盾状，顶部为熔岩平台，无火山口；火山地貌不够系统，完整性较差，由于熔岩锥火山机构不明显，火山喷发物景观单一，又与普通山体区别不大，因此，旅游观光性较弱，主要在于其科考价值。

▲ 永茂岭

碎屑锥（火山碎屑岩锥）

碎屑锥顾名思义全部由火山碎屑岩组成，包括火山角砾岩、火山渣、火山弹、火山灰等，结构松散，具层状和原始倾斜面。锥体坡度不大，整体在 20°~30° 之间，与松散物质的静止角基本相当。形态上以截顶圆锥形为特征，锥顶平坦，像熔岩锥一样，一般也无火山口保留，但石山火山群中的碎屑锥则多有火山口。碎屑锥是气体较多而猛烈爆发的火山作用所造成。石山火山群中碎屑锥的数量最多，其中以昌道岭规模最大、形态最为典型。

▼ 昌道岭
▼ 美社岭
▶ 儒洪岭（东岭）
▶ 玉库岭

昌道岭碎屑锥

位于马鞍岭东南约 3 千米处，海拔 187 米，底座直径 250~350 米，内径 200 米，火山口深 70~80 米。昌道岭形态与马鞍岭相似，但火山口内径和深度皆超过马鞍岭，因此，火山口更显壮观和神秘。另外，在玄武岩中还发现品位较低的蓝宝石结晶体，具有较高的美学价值和地学科普价值。

美社岭碎屑锥

与昌道岭比邻的还有一座同类型的美社岭火山锥，因此该区是火山石山群地质公园内仅次于马鞍岭的火山景观相对密集地区，且临近马鞍岭火山，在区域上又同属于马鞍岭火山群，具有较高的旅游开发价值。

国群岭碎屑锥

位于石山镇国群村西侧，距G98环岛高速石山互通4.8千米，第四纪全新世石山期碎屑锥火山，海拔100~157米，底座直径310~380米，内径110米，火山口深27米，北东向缺口，规模小，天然出露；火山口保持原始状态，代表火山地貌表现现象和形成过程不够系统，但能反映其主要特征。东南坡种植荔枝等果树，火山田园景观丰富，适宜游览火山风光，品尝美味水果。

官良岭碎屑锥

位于石山镇国群村西侧，距G98环岛高速石山互通4.8千米，海拔140~171米，底座直径230米，北东向缺口，规模小。虽然火山锥外围种植果树等热带经济作物，但火山口保持原貌，没有遭受人为破坏，具有较好的完整性。

儒洪岭碎屑锥

位于石山镇杨南村西侧，第四纪全新世石山期碎屑锥火山，外坡改造明显，规模小，火山地貌和岩相不显著。东锥体人工改造明显，外坡种满香蕉等经济作物。西锥体火山口基本保持原始状态，外围种满木薯等经济作物，能反映火山地貌主要特征。

美本岭及杨南岭碎屑锥

保存一般的第四纪全新世石山期碎屑锥火山，火山口残留的岩壁上可看出由火山口向外，火山渣粒度由粗到细的变化过程，对研究第四纪火山活动具有一定的科学价值。美本岭位于石山镇美本村东侧，北侧火山口垣缺失，火山口底遭破坏，火山地貌不明显，但火山口残留岩壁岩层发育，具一定的

美学观赏价值。火山锥呈"V"字形，北部缺失，其海拔100~140米，底座直径420米，内径100米，火山口深45米。杨南岭位于石山镇杨南村，火山锥呈椭圆形，长轴约120米，短轴约50米，规模小。两者都因早期采石活动对火山口破坏大，火山地貌保存不完整。

玉库岭、荣堂岭及道堂岭碎屑锥

这三座火山锥都属于第四纪全新世碎屑火山锥，但是人工建筑面积较大，多为耕地，田园风光较好，火山地貌并不明显。

混合锥（层火山）

混合锥由熔岩和火山碎屑岩互层组成，又称层火山，其地貌特征为：混合锥规模大，普遍比碎屑锥和熔岩锥的规模大，这主要是因为熔岩起着骨架的作用，使火山碎屑得以不断加积。混合锥多数保存有火山口，常有缺口。火山口是火山通道的位置，缺口是岩流溢出的方向。火山口呈漏斗状或平底碗状。火山口洼地是熔岩在火山口通道内退缩而形成，岩锥顶部物质塌陷使火山口洼地扩大。火山口内壁的松散物质堆积在火山口底部形成平底。混合锥坡度较大，为30°~40°，两侧坡度大体对称。剖面上可分出若干个地貌部位，即火山口底、内坡（40°~60°）、火山口垣（狭者仅2米）、外坡（30°~40°）、外围平台（以陡坎与熔岩台地过渡）。按组成物质可分两类：富熔岩型和富碎屑型。雷虎岭和群修岭为园区内两座典型的混合锥。

雷虎岭混合锥

位于马鞍岭火山口东南的永兴镇附近，海拔168米，比高90米，底座直径900米，坡度30°。有一火山口，其口径280米，底座直径50~100米，深80米，内坡坡度50°，北东向缺口。火山垣宽20~30米，主要由火山碎屑岩构成，在火山口垣和火山口内见熔岩岩块。雷虎岭的锥体为火山碎屑岩，厚约42米，其下为凝灰岩和玄武岩厚约5米，隔有风化壳，过渡为玄武岩与气孔状玄武岩互层，厚约 35 米。雷虎岭因形似蹲虎而得名，火山口规模比马鞍岭火山口大近 1 倍，更为雄伟壮观。火山口环壁呈阶梯状，底部宽广平坦，仿如一个天然体育场。从火山口顶部到火山口内底部都有当地农民种植的果树、甘蔗、木薯等农作物，一派田园景色。雷虎岭岭腰有 3 眼古井，岭上有一座宋代古庙，而岭四周是海南岛最大的荔枝林，具有很高的旅游观光价值。

▼ 雷虎岭
▼ 雷虎岭火山地貌剖面示意图（据段政，2021，有修改）

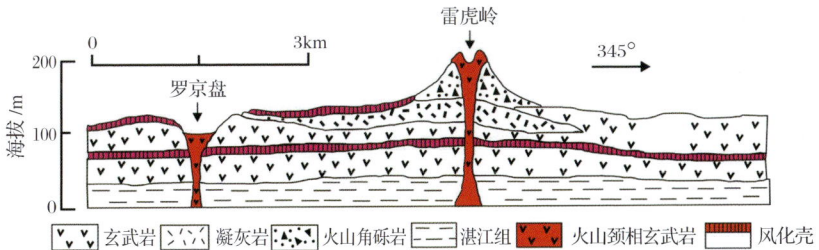

群修岭混合锥

位于雷虎岭东南侧，距永兴镇 2 千米，海拔 168 米，比高 90 米，底座直径 900 米。火山口为漏斗形凹地，底径 50~100 米，深 70~80 米，内坡陡（44°~65°），北东方向缺口。锥体坡度 35°~45°，缺口的北东坡较缓（25°~30°）。因缺口的存在，故地形上呈北东—南西向不对称，而北西—南东向则对称。火山喷出物按先后次序呈不规则的同心圆状掩盖。从外围向锥顶，依次分布气孔状玄武岩、火山碎屑岩、玄武岩和浮石。火山碎屑岩面积达 2~4 平方千米，厚度 12~20 米，物质包括火山弹、火山渣、火山砾、火山砂、火山灰，大小悬殊，杂乱堆积，新鲜松散。火山弹有的状如皮蛋，外壳（厚 3~5 毫米）极易剥落，多分布在距火山口较远处；有的状如纺锤，尾部有拉长和扭转构造，多分布在火山口附近。火山渣极似炉渣，在烈日照耀下闪

▼ 群修岭（混合锥）地质结构图（据海南省地质地理学会，2018，有修改）

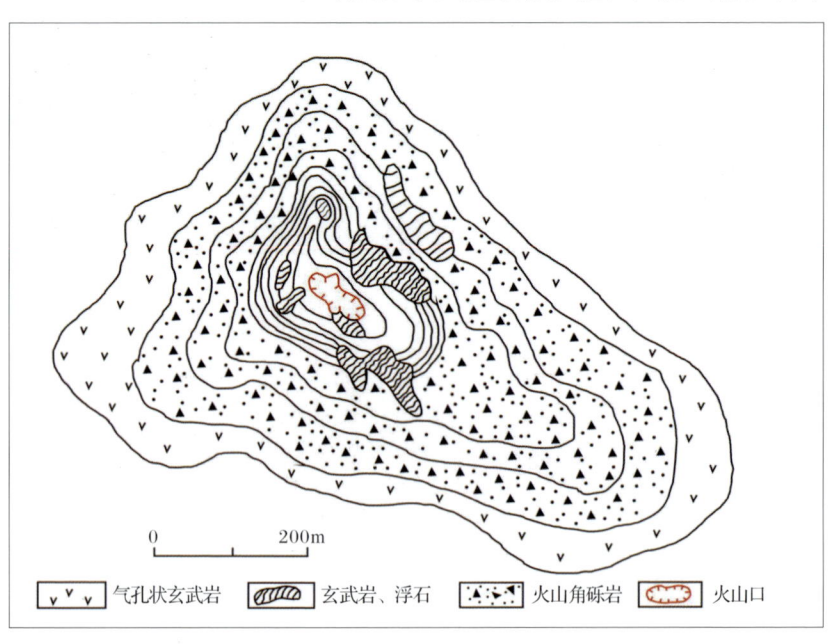

气孔状玄武岩　　玄武岩、浮石　　火山角砾岩　　火山口

闪发光，使人感觉似乎置身于刚熄灭的火山上，这是其最大特点。火山砾以玄武岩为主，混有花岗岩和石英块体。火山砂和火山灰为烤焦的砂石和灰尘，松散，在水流作用下形成碎屑砂层。

卧牛岭混合锥

位于石山镇建新村东侧，距G98环岛高速石山互通7.3千米，距G224海榆中线国道6千米，第四纪全新世石山期形成火山口，由东、西两个火山口组成，小型混合锥；东火山口火山地貌保存较完整，西火山口有破坏。东部火山口海拔125~143米，比高18米，内径60~90米，深15米，北向缺口。西部火山口海拔127~143米，比高16米，深17.7米。卧牛岭整体低平，远观望去，形似屈膝趴窝的老牛，造型独特，因此得名。

儒群岭混合锥

位于石山镇儒群村，紧邻龙美公路，距S21海榆中线高速5.3千米，距G224海榆中线国道3.7千米。第四纪全新世石山期形成火山口，保存较完整，但规模小，岩相变化不明显，小型混合锥，火山地貌较完整，具一定的美学观赏价值。儒群岭海拔120~138米，比高18米，底座直径160米。火山口内径65米，深17米，天然出露，虽然整体规模不大，但是可以较好地反映混合锥的整体特征，具有一定的科学研究价值。

博任岭混合锥

位于石山镇儒群村南侧，紧邻龙美公路。保存较完整的第四纪全新世石山期混合锥火山，北侧公路边可见数条熔岩隧道，具有很高的美学价值。北侧山腰人工开挖陡坎可见大量熔岩流气洞，海南省内少有。海拔120~141米，比高21米，底座直径280~500米，火山口内径95米，深25米。

多重混合锥（多重火山）

有多重火山垣或有寄生火山锥的称多重混合锥，又称多重火山或复式火山。与一般的火山锥相比，多重火山最显著的特点是具多重火山口，有内寄生或外寄生火山锥。多重火山口是熔岩多次喷发而造成，寄生火山锥是火山活动经过间歇之后，又有小股岩浆沿火山通道的薄弱部分突破，再次活动所致。在所有火山类型中，多重火山是最具旅游观光价值的火山。园区内的马鞍岭火山和吉安岭火山是多重火山的典型代表。

马鞍岭多重混合锥

位于海口市西南15千米处，它是由风炉岭和包子岭两座火山连接而成，形似马鞍，而得名。风炉岭海拔222.8米，比高130米，底座成圆形，底座直径约600米。有一火山口，内径120米，深69米，口垣窄，仅2~3米，火山口内壁陡（40°~65°），外坡较缓（36°）。可分出火山口底、火山口内坡、火山口垣、火山锥外坡，坡麓陡坎等地貌部位。在火山口的东北面遗留有一个"V"形开口，这是当时火山喷发岩浆外溢的出口。火山口陡壁主要由气孔状橄榄玄武岩及火山碎屑岩组成。在火山的熔岩流中可见浮岩、壳状熔岩和绳状熔岩。在火山口底座的火山碎屑岩中，火山集块岩、火山角砾、火山渣、火山灰等火山碎屑物混杂分布，这是马鞍岭火山曾发生强烈爆发的佐证。在风炉岭南麓，有一对寄生火山，状如一副眼镜，故名眼镜岭。其中靠东的一个以喷气为主，靠西的一个曾有熔岩溢出。

包子岭为马鞍岭北锥，规模较小，海拔189米，比高仅40米，亦有一圆形火山口，内径90米，深6米，锥体由火山渣和玄武岩构成。北锥距南锥约500米，可视为马鞍岭主体（南锥）的外寄生火山。马鞍岭火山是海南石山火山群地质公园内的最高点，也是海口市的最高山，在晴空万里的日子里，登马鞍岭火山，近观海府城市高楼林立，如孔雀开屏；远望琼州海峡，碧海蓝天，渔帆点点，一派迷人的南岛风光，使人心旷神怡。向南望去，火山群此起彼伏，连绵不断，气势磅礴，而群山之间，点缀着热带果林，村寨坐落，炊烟袅袅，令人浮想联翩。马鞍岭火山为琼北火山区最新一期火山喷发的中心，在方圆不足2平方千米的范围内分布有大小6座火山、3个熔岩隧道和1个塌陷坑，此乃国内外罕见，具有极高的科考、科研、科普和旅游观赏价值。

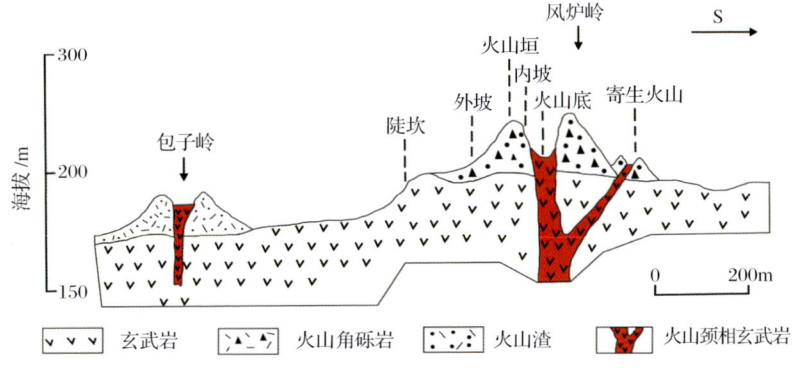

图例:玄武岩　火山角砾岩　火山渣　火山颈相玄武岩

◀ 马鞍岭（风炉岭与包子岭）
▲ 马鞍岭多重火山剖面示意图（据海南地质地理学会，2018，有修改）
▼ 吉安岭

吉安岭混合锥

位于马鞍岭火山西北约 2 千米，海拔 85~100 米，比高 30~40 米，底座直径 650 米。火山口内径 350~450 米，深 42 米。火山口的西南侧有一寄生火山锥，比高 40 米，底径 100 米，其火山口内径 40 米，深 6 米。吉安岭火山的寄生火山由火山渣和火山灰构成，为内寄生火山，不同于马鞍岭的外寄生火山。吉安岭的特点是规模大，火山口内壁和火山口底部种满农作物，如改种热带果树，则形成景色秀丽的热带田园风光。

低平火山（玛珥火山）

低平火山口，又名玛珥火山，是由于岩浆与地下水接触并发生爆炸，在地表下形成深到围岩的圆形或近圆形的火山口，并被一个低矮的碎屑环包围。玛珥的英文"maar"来源于拉丁文的"mare"，即海的意思，是居住在德国莱茵地区的人们对当地有水的湖泊、沼泽的称呼。1921年，德国科学家Steininger在对德国西部Eifel第四纪火山区圆形小火山口湖的研究中，最早开始把maar定义为一种火山类型。石山火山群地质公园中的几座玛珥火山集中于一个区域，整体规模很大，拥有极为秀美的湖光山色景观。

双池岭玛珥火山

双池岭是石山火山群地质公园中最小的玛珥火山，但由两座玛珥火山组成。位于石山马鞍岭西北约3千米处，包括海拔105米的西岭和93米的东岭，内径130~300米，深度15米，四周的火山岩垣由层凝灰岩组成，具明显的层理，其外坡产状平缓，向外倾角约10°，内坡较陡，倾角50°~65°。双池岭与湛江的湖光岩属同一时期的火山喷发形成。

HAIKOU VOLCANOES 海口火山

◀ 双池岭玛珥火山
▲ 好秀岭

好秀岭玛珥火山

好秀岭位于双池岭南侧约 200 米，是石山火山群地质公园内唯一常年积水的火山口，有数百平方米的水面，水深超过 1.5 米。火山口湖呈椭圆形，南北长 330 米，东西宽 250 米，东高西低，整体规模不大，西侧火山口垣不明显，火山口底较平坦，为村民耕地，但极具观赏性。

塌陷破火山口（负火山口）

当岩浆大量喷发后，造成岩浆房退缩，由于上覆火山堆积物的重量，使得火山锥顶的岩块沿环状断裂发生塌陷，形成破火山口。破火山口呈圆形、椭圆形、不规则形状，四周的火山岩产状往往内倾。塌陷的破火山口与一般的火山口并无本质的区别，破火山口规模大，直径大者可达 20~60 千米，环状断裂明显。破火山口的"破"字是塌陷破坏之意，并非指有缺口的火山口。塌陷破火山口的最大特点是无火山锥体，往往形成负地形，因此又名负火山口。

35

火山群地质公园内的罗京盘是我国乃至世界少有的塌陷破火山口之一。

罗京盘塌陷破火山口

位于永兴以南约6千米,海拔93米,但在玄武岩台地上呈负地形,内径900~1000米,深度35米,状如一个巨型运动场。火山口底部平坦,中心位置凸起一个熔岩丘,高7~8米,是残留的火山颈。熔

岩丘的中部有一个直径 7~11 米、深 3~4 米的火山口，积水成塘，当地居民从塘中取水，肩挑上坡，甚为艰辛。塘水水位变化甚大，暴雨过后，破火山口底部的平地大多受淹，从洪水痕迹看，水位变幅可达 5~8 米。整个破火山口完全封闭，风化红土厚约 5 米以上，已全面开垦，底部田块呈辐射状，边坡为梯田，呈环状，故形态酷似运动场，也犹如一座小盆地。火山垣上散见石英砾和含砾砂，非火山岩产物，而是火山喷发时深部砂砾被抛出而堆积。罗京盘不仅形态相当优美，而且田园景色十分怡人，具有很高的旅游开发价值。

儒黄岭塌陷破火山口

为一大型塌陷破火山口，位于永兴镇以南约 4 千米，临近罗京盘。海拔 107 米，内径 1400~2000 米，深度 25 米，椭圆形，北东向缺口，岩性以玄武岩为主，火山口垣为火山碎屑岩。儒黄岭近望是一块极为平整的大面积土地，地上绿草茵茵，犹如一块天然的大型足球场。

◀ 罗京盘

火山熔岩隧道景观

火山熔岩隧道是熔岩流表里冷凝速度不一致所造成的，即熔岩流在流动过程中，表层冷凝成壳，里面的岩流热量不易散失，保持高温而继续流动，当熔岩流来源断绝时，里层岩流"脱壳"而出，留下隧道状的洞穴。在园区内，纵横交错的熔岩隧道多达数十条，长度几十米至几千米不等，呈管状、隧道状、多层伏，分叉合并，纵横交错，形成复杂的洞穴系统。在熔岩流的作用下，隧道内又产生一系列微观火山地貌，趣味十足。

仙人洞熔岩隧道

仙人洞熔岩隧道位于石山镇荣堂村北侧。仙人洞长约1200米，为火山群地质公园中最长的熔岩隧道。仙人洞洞口高6.2米，宽10.0米，主体近乎南北向展布，并向北、北西方向进一步延伸。洞内宽度变化不大，在2~8米之间；内部多处出现大面积坍塌，南段坍塌面积较大，较为严重，堆积物堵塞隧道。洞内发育边槽、岩阶、绳状流纹等熔岩流动遗留的痕迹，洞顶见数个气洞，现为蝙蝠栖息地。局部见有隧道顶塌方，可见后期形成的具柱状节理玄武岩。

七十二洞熔岩隧道

七十二洞熔岩隧道位于石山镇荣堂村，紧邻石山镇，因隧道多处塌陷而被分割成数十个熔岩隧道段而得名"七十二洞"。七十二洞熔岩隧道全长780余米，主洞高度3~4米，宽度约20米，其景观极为丰富，有纵横交错的熔岩隧道系统，有由于

HAIKOU VOLCANOES | 海口火山

▲ 仙人洞
▼ 七十二洞

洞顶局部塌陷而形成的塌陷坑和"天窗",有由两个"天窗"之间残留洞顶构成的"天生桥",有由于洞顶岩块沿节理崩落并堆积在洞底而构成的"洞中岩堆",有由于一长条熔岩隧道整段陷落而构成的"塌陷谷"。七十二洞熔岩隧道天然出露,代表熔岩隧道演化的现象完整清晰,能为熔岩隧道的形成、演化、消亡提供重要依据,具较高的科学研究价值和美学观赏价值。

火龙洞熔岩隧道

火龙洞熔岩隧道位于包子岭混合锥北东侧山腰。该洞实测长 56.2 米，洞最高 5 米，该洞具有独特的上下和左右双层结构。洞内岩壁有千姿百态的熔岩钟乳和熔岩刺，洞底有一池清水，洞顶水滴溅落，叮当作响，美妙动听。

乳花洞熔岩隧道

乳花洞熔岩隧道位于包子岭混合锥北东侧山腰。该洞长 100~200 米，洞内岩壁有千姿百态的熔岩钟乳和熔岩刺，具较高美学观赏价值。除发现大量蝙蝠栖居洞中外，同时发现小型爬行动物在洞中生存，为隧道内增添生气。

▼ 火龙洞洞口
▶ 乳花洞洞口
▶ 鸦卜洞洞口

鸦卜洞熔岩隧道

鸦卜洞熔岩隧道位于雷虎岭西北侧山腰处,因传说有乌鸦聚集洞中而得名。由南北两个熔岩洞穴组成,洞口相距 30 米。北边洞口狭小,洞肚较宽,曲折幽深,形如游龙。洞中岩石犬牙交错,千奇百怪,难以名状,游人尚不敢贸然进入。南边洞口宽 10 米,高 5 米,呈拱形。此洞洞中有洞、洞上有洞,洞下也有洞,洞洞相通。

卧龙洞熔岩隧道群

卧龙洞熔岩隧道群为一大型熔岩洞穴群，位于永兴中学后，整段隧道近似圆形，内壁烘烤硬壳呈灰黑色，光滑发亮并带明显的擦痕，酷似蛇纹，故名卧龙洞。可进入两处隧道实测，分别长61米和50米。洞内边槽和岩阶位于洞底两侧的岩壁，前者是熔岩流夹带的岩块刻蚀壁而成，后者呈阶梯状，为熔岩向两侧翻卷的产物，是熔岩流动的遗迹。

博任岭熔岩隧道

博任岭北西侧采坑中见有3个熔岩隧道口：①熔岩隧道口宽6米，高3米，可进入深度15米，内部塌方，洞顶可见熔岩钟乳；②洞口宽2.5米，高1.5米，洞顶可见熔岩钟乳，洞底可见残留绳状熔岩流，弧顶方向指示熔岩流流动方向；③洞口宽0.5米，高1米，截面为等腰三角形，顶部见有熔岩钟乳，洞壁光滑，推测为一分支洞穴。博任岭熔岩隧道保存一般，有过破坏，内部塌方也较严重。

▲ 卧龙洞洞口
▼ 博任岭洞口

HAIKOU VOLCANOES 海口火山

火山岩剖面

海口石山火山群国家地质公园发育了典型的火山岩剖面，不仅可进行区域地层剖面对比，而且为研究区域火山地质历史提供了理想的素材。一字岭发育了涌流凝灰岩剖面，为晚第四纪道堂期涌流凝灰岩岩相剖面。风炉岭发育的混合锥剖面，为全新世石山期火山岩岩相剖面。杨南岭及杨南西岭发育的碎屑锥剖面，为全新世石山期碎屑岩岩相剖面。

一字岭凝灰岩剖面

一字岭涌流凝灰岩岩相剖面位于石山火山群地质公园西北部的一字岭山脊，出露较为完整的有两个剖面，皆为涌流凝灰岩岩相剖面。

一字岭剖面层理明显，延展性好，剖面垂直高度4.4米，连续延展约1.8千米。一字岭剖面是第四纪晚更新世道堂期涌流凝灰岩岩相剖面，国内少有，被定为国家级地质遗迹，

▲ 一字岭凝灰岩

其剖面完整连续，地层出露完好，剖面上各段岩性连续出露，人工揭露良好，代表涌流凝灰岩沉积的关键层序基本出露，可与湖光岩火山口湖南岸古庙天台路火山岩岩相剖面对比；对研究琼北地区火山活动具较高的科学价值，具较高的地质教学野外观察实习意义。

风炉岭混合锥剖面

风炉岭混合锥剖面位于景色优美的风炉岭火山口之上，是石山火山群地质公园的一个主要景区，紧邻绿色长廊。剖面垂向高度约40米，是第四纪全新世石山期混合锥火山岩岩相剖面，基岩露头连续出露，完整度好，混合锥岩相出露较系统，是国内唯一保存最完好的全新世石山期火山岩岩相剖面。火山岩岩相与火山地貌变化的完美结合，对研究雷琼地区第四纪全新世火山活动及演化具很高的科学价值，有较高的地质教学野外观察及实习意义，且具有较高的观赏价值。

▼ 风炉岭混合锥

HAIKOU VOLCANOES 海口火山

杨南岭碎屑锥剖面

杨南岭碎屑锥剖面位于石山镇杨南村的杨南岭，剖面垂直高度5.7米，为人工开采揭露，是第四纪全新世石山期碎屑岩岩相剖面。基岩露头连续出露，能反映碎屑岩岩相主要特征，对研究琼北地区第四纪火山活动及演化具较高的科学价值，有较高的野外教学实习意义。

杨南西岭碎屑锥剖面

杨南西岭碎屑锥剖面位于石山镇杨南村杨南岭的西岭，剖面垂直高度11.55米，宽度约8米，同样为人为开采造成的剖面出露。剖面基岩露头连续，能反映碎屑岩岩相主要特征，是第四纪全新世石山期碎屑岩岩相剖面，对研究该区第四纪全新世火山活动及演化具较高的科学价值，具较高的野外地质教学实习意义。

▲ 杨南岭碎屑锥
▼ 杨南西岭碎屑锥剖面

水体景观

海口石山火山群国家地质公园内发育了丰富的水体景观，有玉龙泉、头本章泉、荣烈泉等地下泉，有澄迈熔岩台地瀑布，还有玉龙泉东西二湖、玉凤水库、永庄水库等湖泊及水库，共同构成了地质公园内清新、优美、灵动的水景。

泉

西湖庙玉龙泉位于琼山区龙桥镇西湖庙旁（距离马鞍岭约10千米），属熔岩泉湖，其湖光山色更是让人心旷神怡，流连忘返。在石漠状玄武岩台地的低洼处因地下水沿裂隙喷涌形成泉水，并逐步积水形成东、西两湖，湖水清澈、阳光透底、树木葱茏，与明净如镜的湖水相互辉映，若轻舟荡漾，如入仙境，别具风韵、幽雅清逸。古人以为此处山海相通，并将石雕龙头套

在泉眼上，故名玉龙泉。玉龙泉东湖及西湖实际上是火山熔岩围堰形成的堰塞湖。

头本章泉和荣烈泉皆位于地质公园北部，相距不远，都为天然出露的泉水，泉水明净碧绿，池底随处涌出亮晶晶的珠泡，一簇簇、一串串，大大小小，错错落落，争先恐后，闪闪发光，真是如泻万斛之珠。两处泉水如两只明亮的眼睛点缀在火山群之中，喷泉的水花飞溅在婆娑点点的阳光下，像清虚宁静的空气一样清澈闪耀，阒然无声。

◀ 玉龙泉西湖
▼ 头本章泉
▼ 澄迈断层瀑布

瀑布

熔岩台地上的瀑布见于地质公园西北约10千米的澄迈县老城镇西侧1千米处，由东西两个瀑布组成，瀑布高6米，宽10多米，它是由隐伏断裂北盘下滑，上伏玄武岩前缘因重力作用塌陷而成，后经流水冲刷崩塌后退，在平面上形成一排向内弯的弧形瀑布。当你仰望瀑布，恰似一条白色玉带飞泻直下深潭，发出的轰隆声，惊心动魄；激起的一朵朵浪花，如同一锅沸腾的水，翻滚不停；溅起的水雾，向四周飘洒，在阳光照耀下形成一道彩虹，美丽极了。

水库

玉凤水库位于美党沟上,海口石山火山群国家地质公园西侧,建于 1956 年。水库正常库容为 730 万立方米,平均水深为 5.97 米,集雨面积为 16 平方千米,海拔为 76 米。

永庄水库位于该市秀英区境内五源河上游,海口石山火山群国家地质公园东北侧,总库容 775 万立方米,正常水位库容 565 万立方米。灌区工程于 1960 年开始配套,设计灌溉面积 780 公顷,现有干渠长 18.6 千米,支渠长 14.3 千米。利用松涛白连东分干渠补水,曾灌溉面积 467 公顷,同时永庄水库也是永庄自来水厂的供水水源地,为地质公园及周边提供水源供给,支持人民生活、农业发展。正是因为地质公园周边水库、河流的存在,使得园区内外依山傍水,景色优美。

▼ 永庄水库

HAIKOU VOLCANOES 海口火山

公园周边的地质遗迹景观

> 海口石山火山群国家地质公园周边也发育了丰富的地质遗迹景观，有母鸡神火山海岸段、龙门火山海岸段、蚂蟥岭火山穹隆、白沙陨石坑、抚潭柱状玄武岩、蓬莱宝石矿、东寨港至铺前湾海底村庄遗址等，与公园内地质遗迹景观相呼应，拓展了区域地质遗迹景观资源。

龙门火山海岸段

"龙门"即沿节理产生的高8米、宽10米的海湾，目前海湾底部已高出现代岩滩4米，不受海水作用。此段长3千米，由北西向排列的笔架山火山喷发物所组成，现已抬升为高20米海岸阶地，阶地表层有残留的海相沙砾层，岬角之间的老港湾也被抬升，湾底成为高5米堆积阶地。龙门兵马角火山是一座盾形火山，叠加在高20米海岸阶地上。火山向海一侧形成海蚀崖，其剖面为黑色玄武岩与黄灰色凝灰岩互层。该段海岸由一系列火山口与数十个小港湾组成。火山喷发口直径15~20米，口内底部保留着熔融岩浆沸腾时的形态，熔融岩浆溅起高出熔岩流表面0.4米，犹如沸腾的岩流骤然冷却凝固的形态。一些火山喷发口遭受海蚀形成圆盆形、弧形的斜坡、弧形悬岩及箱形"巷道"，将岩滩分割，或成柱状兀立岩滩上。

另外，沿玄武岩节理（走向N10°E，N30°W）发育海湾、海蚀穴，因此龙门火山岸段是密集的火山口群，由熔岩流与岩块堆积构成，年代为全新世中期。火山活动使海岸普遍抬升，海蚀强烈，成为很典型的海蚀火山港湾岸。

蚂蟥岭火山穹隆

火山穹隆构造其平面呈圆形或椭圆形，剖面呈拱形，是岩浆物质向上运动所形成的拱形隆起，又称火山短背斜、火山断块构造、火山构造地堑，规模可大可小，大者直径数千米，小者数百米。火山穹隆的形成是以岩浆垂直上升抬起上覆岩层为其动力作用方式，并出现以穹隆顶部为中心的辐射状断裂。

海南岛儋州市境内的蚂蟥岭是典型的火山穹隆，地形浑圆，海拔160米，坡长5~6千米，坡度3°~5°，为一椭圆形穹丘，坡面缓斜完整，偶见冲沟切割，其北东侧和西北侧为玄武岩台地，海拔30~70米，推测蚂蟥岭是因火山作用而隆起。

白沙陨石坑

白沙陨石坑位于牙叉镇东南9千米白沙农场境内，直径3.7千米，是我国较早发现的陨石坑之一，为距今约70万年前一颗小行星坠落此处爆炸而成。陨石坑周缘环形山脊连续较好，仅在西南缘受两条溪河冲刷而出现豁口。

▲ 龙门火山海岸
▼ 白沙陨石
▶ 抚潭玄武岩柱状节理

置身于陨石坑内，举目四望，但见郁郁葱葱，低缓山坡上，茶树密布，排列成行，绿意盎然。难以想象70万年前这里发生过陨石自天而降，冲击大地，造成岩石碎裂熔化、岩浆溅射四周的惊天动地景象。据估算，这枚陨石块直径大约380米，剧烈撞击所产生的能量相当于360颗广岛原子弹的能量。陨石坑今虽遭破坏，但基本特征仍保存较好，特别是其自然剖面清楚，便于对各种冲击现象和景观进行考证观赏。

研究人员对从陨石坑中获取的碎片分析，确定它属于我国发现的首例富钙无球粒陨石。白沙陨石坑是目前我国能认定的陨石坑之一，也是全球仅有的13个伴有陨石碎块的陨石坑之一，比著名的美国亚利桑那及苏联的陨石坑年代都久远。

抚潭柱状玄武岩

琼北第四纪玄武岩中，柱状节理十分发育。这种节理是熔岩流冷缩过程中形成的一种裂隙。主体与熔岩上、下面近于垂直，并切穿整个熔岩层，高达10~20米。定安黄竹镇北约1千米处，早更新世晚期熔岩层内，发育有清晰的柱状节理，呈多边形，高10余米，贯通整个熔岩层。海口龙塘抚潭村采石场，见上、下两层熔岩分隔。有的柱体微向一个方向倾斜，其倾斜方向指示出熔岩的流向；有的柱状节理呈波状弯曲。熔岩层中还同时发育有层状节理，两者互呈相交，形成格子状；层状节理是由于岩流内部流速不均形成的。

蓬莱宝石矿

在琼北火山区中,最著名的火山矿区是位于文昌的蓬莱岭宝石矿区,目前确认的宝石矿物有两种,一种是刚玉,另一种是锆石。刚玉是蓬莱岭最重要的宝石矿物,有两个变种,红宝石和蓝宝石。蓝宝石主要产于第四纪残－坡积红土层和冲－洪积层中,少量见于风化的玄武岩和火山碎屑岩中,成矿母岩为上新世玄武岩。海南蓬莱蓝宝石颜色以深蓝和浅蓝为主,此外还有蓝绿、灰蓝、黄绿、黄色、棕色、暗紫色等,具弱多色性,有的有弱的色带。蓝宝石呈玻璃光泽,透明—半透明,以半透明为主。

▲ 蓬莱蓝宝石
▼ 东寨港海底村庄遗址

海底村庄遗址

海底村庄位于海口市美兰区东寨港至文昌市铺前镇一带的海湾海底。史料记载,明万历年间(公元1605年),琼州北部发生大地震,造成陆地沉陷成海,面积达100多平方千米,共有72个村庄缓慢下沉,为世间罕见的灾害遗址奇观。如今在退潮时,从铺前湾至北创港东西长10千米、宽1千米的浅海地带可见平坦的古耕地阡陌纵横。透过海水,可见玄武岩的石板棺材、墓碑、石水井和舂米石等有序排列。海底村庄奇观是中国唯一的因地震导致陆地陷落成海的古文化遗址景观。

生态及人文景观

动植物生态
古迹名胜
革命史迹
民俗文化及景观

动植物生态

海口石山火山群国家地质公园发育热带季雨林、亚热带绿阔林、稀树刺灌木草丛、石山灌木草丛及热带经济作物，构成具有独特性的热带火山生态景观。园区植物种类1200余种，是天然的生态氧吧；珍稀动物有苍鹭、鸳鸯、原鸡、褐翅鸦鹃、绿嘴地鹃、赤腹松鼠、眼镜蛇、山瑞鳖等几十种，是野生动物的乐园；还有热带火山岩地区田园景观及湿地生态景观。

▼ 野菠萝
▼ 仙人掌

动植物资源概况

海口石山火山群国家地质公园地处热带北缘，属热带向亚热带过渡区，气候暖湿潮润，极利于各种植物生长，具植物群落的独特性和多样性。地质公园在玄武岩台地上发育热带季雨林、亚热带绿阔林、稀树刺灌木草丛、石山灌木草丛及热带经济作物，构成具有独特性的热带火山生态景观。园区开发过程中，一直遵循着保护自然、和谐自然的理念，非常完整地保存着天然的自然条件，极少产生对自然条件的影响，因此，园区内动植物资源丰富，且原生的动植物群落扰动极小，是"天然的动植物博物馆"。

园区已被发现的植物种类1200余种，珍稀植物有见血封喉、格木、

HAIKOU VOLCANOES 海口火山

金毛狗、红豆树、南岭栲、梅叶冬青、米锥、木荷、豹皮樟、白香木、柏启木、降香黄檀等国家一、二级保护植物。园区内丰富的植物种类、完整的森林生态系统、优越的生态环境，为各类野生动物提供了丰富的食物和理想的栖息繁衍场所，动物种类丰富。公园珍稀动物有苍鹭、鸳鸯、原鸡、褐翅鸦鹃、绿嘴地鹃、赤腹松鼠、眼镜蛇、山瑞鳖等国家一、二级保护动物，其中红胸角雉、山鹧鸪、海南虎斑鳽等为海南特有种。

◀ 苍鹭
◀ 赤腹松鼠
◀ 鸳鸯
◀ 红胸角雉

热带原生林景观

在海口石山火山群国家地质公园区域内，距离马鞍岭火山北侧3~4千米处，如今还完整地保存有一片面积约300公顷的热带原生林。热带原生林内拥有完整的热带动植物群落，生长有百年以上的古榕树群和原始珍稀植物，以及黄缘、野猪、山鸡、蟒蛇和各种鸟类等国家级保护动物。由于地势相对较低，该原生林区内有冷泉出露，为动植物提供了充足的水源。林内泉水交融，形成了潺潺小溪水，纵横交错于原始森林之中，形成了极为难得的山水美景。

原生林的原生特性包括多样化的树有关的结构，提供多样化的野生动物栖息地，增加了森林生态系统的生物多样性。树结构包括多层树冠和树冠间隙，很大变化的树的高度和直径，多样的树种和纲，以及多种大小的木质残体。在距离省会海口市中心仅数千米的地方至今仍保存着一片如此珍稀的热带原生林，这无疑是格外珍贵，也是国内少有的。火山地区的热带原生林和东寨港红树林并称为海口的"城市绿肺"，具有极高的旅游开发和保护价值。

田园景观

地质公园所在地海口处在橡胶、胡椒等热带经济作物产区，拥有林地9.58万公顷，约占土地面积的42%。地质公园园区内的土壤主要由火山喷出物经风化后发育而成，成土母质为玄武岩，土体含有大量的火山灰、火山砾石。在热带

气候形成的绿色植被条件下,经高温多雨的淋滤和有机质富集,形成玄武质的砖红色风化土层。这种风化红土持水性能非常强,富含 Mg、Cu、Fe、Ti 等元素和矿物质,非常利于经济作物的生长。

海口石山火山群国家地质公园内多有低平火山口,当地农民因地制宜,利用火山土壤丰富的矿物质,在火山口周围种植荔枝、龙眼、柑橘、人参果、火龙果、香蕉、番石榴、波罗蜜、黄皮、木瓜等经济作物,形成了火山周围梯田层层叠叠、人与自然和谐共处的美好景色。经济作物四季常熟,火龙果树、龙眼树、香蕉树等颜色各异,五彩缤纷,形成了独特的热带经济作物景观。最具有代表性的就是罗京盘火山口与双池岭火山口。罗京盘火山口底部平坦,中心位置凸起一个熔岩丘,高 7~8 米。熔岩丘的中部有一个直径 7~11 米、深 3~4 米的火山口,积水成塘,雨季来临,池底水清澈见底,底部田块呈辐射状,边坡为梯田呈环状,故形态酷

◀ 石山火山群地质公园的绿色林海
▼ 地质公园园区的田园风光

似运动场，犹如一座小盆地，经济作物种植生长之时，放射状布局的梯田规则展布。双池岭是马鞍岭－雷虎岭火山群中最小的玛珥火山，它由两座玛珥火山组成，四周的火山岩垣由多层凝灰岩组成，具明显的层理，其外坡产状平缓，为经济作物的种植创造了良好的地形条件。各块梯田星罗棋布，横竖相间。火山口顶部和外侧往往绿色植物茂盛，与经济作物之间有一道天然的隔离带，一边是风光旖旎的火山景色，火红热烈；另一边是五彩斑斓的农田景色，青绿朴实。

火山口的田园风光也别有一番风味，且不提那"出淤泥而不染，濯清涟而不妖"的荷花，也不提那古朴典雅、美轮美奂的小桥流水，更不提那苍翠欲滴、万古长青的苍松翠柏，单就这独特的田园风光，便深深地吸引游客的目光。果实累累、瓜果飘香的乡村田园引人入胜，清澈见底、波光粼粼的田间池塘妙不可言，还有点缀其中极富诗情画意、淳朴自然、山清水秀的古朴村落就足够让人心驰神往了！

湿地生态景观

海口石山火山群国家地质公园地势较高，离海岸线较远，并无大面积湿地出现，仅有小面积的湿地景观出露。但是海口作为滨海城市，植物繁茂，拥有大面积的天然湿地，与地质公园相距不远就有五源河湿地和东寨港红树林自然保护区，湿地与石山火山群火山景观相互映衬，一水一火，一黑一绿，遥相呼应，美不胜收。

◀ 罗京盘田园风光
▲ 东寨港红树林
▼ 东寨港湿地

东寨港红树林自然保护区属国家级自然保护区，距海口市中心约30千米。风景区地域跨海口市美兰区演丰镇、三江农场、三江镇，与文昌市的罗豆农场交界，海岸线总长84千米。区内生长着全国成片面积最大、种类齐全、保存最完整的红树林，共有红树植物16科32种，自然保护区有鸟类159种，其中珍稀濒危、属国家二级保护鸟类有黄嘴白鹭、黑脸琵鹭、白琵鹭等16种。保护区内有鱼类57种，其中大多具有较高经济价值，如鳗鲡、石斑鱼、鲈鲷鱼等；有大型底栖动物92种，主要有沙蚕、泥蚶、牡蛎、蛤、螺、对虾、螃蟹等，具有较高的经济和食用价值。

五源河国家湿地公园位于海口市秀英区，南起永庄水库，北至五源河河口海域，主要包括永庄水库、五源河及五源河河口海域几个湿地单元，面积为1300.58公顷，其中湿地面积为958.39公顷，有4个湿地类及10个湿地型，湿地率为73.69%。五源河湿地公园内共有野生维管束植物96科318属427种，在五源河的城市河段，还生存着国家二级保护植物——水蕨。公园内共有野生脊椎动物25目66科154种，其中国家级重点保护野生动物如红原鸡、褐翅鸦鹃、虎纹蛙等多达11种。

▶ 五源河河口鸟儿
▼ 五源河纵览

古迹名胜

　　地质公园所在地海口市是一座充满韵味的历史名城，无数仁人志士出生于此，扬名于此，深厚的文化根基扎根于此。海瑞故居中"南海青天"表明了清廉的官风；琼台古老的城墙诉说着琼州以往的繁华；冼夫人庙的金碧辉煌彰显了琼州人对民俗文化的传承；依然坚固的秀英炮台昭示着琼州人对家国的热爱；不眠的海口钟楼体现着新时代琼州人的奋斗精神。古迹虽古，但却不陈，无数的古老建筑像老人一般缓缓地诉说着琼州昨日的故事。

海瑞故居

　　海瑞故居地处海口市琼山区红城湖路67号，海瑞故居始建于明洪武十六年（公元1383年），1994年重修，2003年再度重修复原并扩建海瑞故居广场等部分项目。故居坐南朝北，由广场、正堂、后屋、书斋、花庭、书童间、杂用间、厨房等单体建筑组成，占地面积49.55亩❶，其中建筑面积800平方米。广场前是由4根花岗石柱构架的大门，正门横楣为"南海青天"4个大金字，两旁小门分别为"刚峰"和"忠介"的字样。紧接着是2000多平方米的开阔广场，广场两旁为增建的长廊式厢房，陈列海瑞生平的碑刻及有关文字资料。庭院中央矗立着高3米的海瑞手执"奏疏"的老年全身雕像，像基高1.5米，宽

▲ 海瑞雕像

---

❶ 1亩 ≈ 666.7平方米。

2.5米，正面为海瑞生平简介，背面为英文版生平简介。在雕像两侧的大门与前堂之间的空地分别植有10棵两两相对的榕树，再接着是海南传统民居土木结构的前堂正屋。正屋分三间，中间是厅堂，两侧是厢房。紧挨正屋右侧偏后是海瑞的书斋；接正屋后面是规模略逊的二进堂屋；正堂和后屋之间是一段花庭；后屋背面是规模更小的书童间，是海瑞藏书及书童休息的地方；最后一处建筑是正堂和后屋正左侧的海氏杂用间和厨房。堂屋之间是苍翠挺拔的青竹，象征海瑞的"刚正"和"清廉"。作为中国历史上著名的清官、卓越的政治家，海瑞一生忠心耿耿，廉洁自持，作为其故居，这里已成为后人敬仰先贤的凭吊场所，成为一处继承传统文化、廉政勤政为民的教育基地。

冼太夫人庙

冼太夫人庙位于海口市新坡镇，初建于明朝，是海南岛50多个冼庙中规模最大、参拜人数最多的，由明代进士、湖广巡抚提督军门梁云龙创建。梁云龙自述，他在指挥作战时曾在梦中得到冼夫人指点，从而转败为胜。为了答谢冼夫人，明万历三十年（公元1602年），梁云龙用皇帝奖赏的黄金铸成冼夫人像，在家乡新坡建庙供奉。该纪念馆面积283平方米，造型大方，气势雄伟。屋顶为重檐式，铺盖金黄色琉璃瓦，金碧辉煌。馆的正门上分别镶嵌"巾帼英雄""岭南风流""千秋懿范"等大匾额，格外引人注目。大厅正殿上，有冼夫人的彩绘，尺寸与真人相仿，身穿袍套，神采奕奕。其前放置香案、八仙桌和落地香炉，两侧陈列古代8种兵器。每年有庙会军坡节活动在这里举行，热闹非凡。

秀英古炮台

秀英古炮台位于海口市海秀路北侧秀英村后面，始建于1887年，清光绪十七年（公元1891年）建成，是为抗御法军入侵而建造的。秀英炮台由拱北、镇东、定西、振武、振威5座炮台组成。东西并列成一条直线，长达200多米，炮门面朝大海，四周有坚固的城墙环抱。5尊大炮均购自德国克虏伯炮厂，炮

台设指挥室，背后有操练场和营房，整个台区占地3.3万平方米。1890年，清政府为抵御法军入侵，命令各军严防沿海各口岸，两广总督张之洞临琼视察海口形势后，下令建造秀英炮台。它与广东的虎门炮台、上海的吴淞炮台、天津的大沽炮台并称中国古代四大炮台。秀英炮台，对考察海口市的历史、军事的地理变迁有着重要的科学价值。

五公祠

五公祠位于海口市美兰区海府路169号，从北宋年间始建，至民国时期，延续建设时间长达1000余年，是为纪念唐宋两代被贬谪来琼的李德裕（唐朝宰相）、李纲和赵鼎（均为宋朝宰相）、李光和胡铨（均为宋朝的大学士）5位历史名臣而建的，由于人们景仰先贤"五公"而得名。整体建筑群落朴素、典雅，建筑风格明显受到岭南地

◀ 冼太夫人庙
▲ 五炮台之一

区古建筑的影响,还有南洋建筑影响的痕迹,具有明显的海南地域特征。这里楼阁参差,疏密相间;亭廊宛转,错落有致;叠石假山,丘壑分明;泉井湖水,浣羡渺弥;树木花卉,沧古洒洒,素有"琼台胜境""瀛海人文"和"海南第一名胜"之誉。

琼台（古琼州府台衙门）

琼台坐落于海口市琼山府城街道和滨江街道,古城大部分位于府城街道内,少部分位于滨江街道东门社区,是明代海南卫指挥使杨义

▲ 五公祠
▼ 古琼州府台衙门
▶ 海口钟楼

于永乐元年（公元1403年）所建，后因战乱和"文化大革命"损毁严重，现多称"琼台福地"。1999年，政府集资在旧址上重塑此坊，得以再现昔时琼台盛景。此坊高约5米，全石结构，单楼四柱，每柱前后各有一条纹边风掌，石堆瓦楞盖顶，甍有跃鲤鱼鸱尾，坊面三间，宽6~7米，深2~3米，眉额为烫金隶体"琼台福地"四字。整个石坊显得雄大疏朗，敦厚庄重，蔚为壮观。千百年间，府城被奉为琼台福地并以此为轴延扩，成为海南的政治、经济、文化中心，是海南最具代表性的古迹之一。

海口钟楼

海口钟楼位于海口市长堤路风景秀丽的海甸溪畔，景致幽雅；因其临近海口老街，是老"海口八景"

之一。海口钟楼历史悠久,最早始建于康熙年间,是为了设立海南统一的计时标准,当时大钟是一个辘轳卷上10多米的钢丝绳,另一端吊上一个大铁碗,利用垂直重量启动行走的,吊砣从四楼垂落底层,历时两天,因此,每隔两天必须转动辘轳将吊砣卷上五楼,周而复始,时间较为准确。随着对时间的精准需求,海口市人民政府在1987年,将旧海口钟楼改建成具有现代特色的新海口钟楼,采用了先进的电子钟计时,以保证报时准确不误。它占地面积为25平方米,顶层楼高28米,为6层钢筋混凝土结构建筑,外貌雄伟壮观;大钟设置在顶层,用上海555牌电子钟,四边钟面由直径2米塑料块构成,时针长0.53米,分针长1米,30分钟报时一次,由扩音器从4个大喇叭播出电子音乐,音乐清晰、洪亮、悠扬。

琼台书院

琼台书院位于海口市府城镇文庄路,相传是后人为纪念海南第一才子、明朝大学士邱浚而建。

▼ 琼台书院正门

它始建于清朝康熙四十年（公元1705年），据传由于邱浚号琼台，人称琼台先生，故书院由此得名，现在是琼台师范学校的校址。其主楼魁星楼高两层，绿瓦、红廊、白墙，是一座具有民族特色的砖木结构建筑，至今保存完好。魁星楼二楼中梁挂一匾，上书"进士"二字，字大如斗，这是当年该书院的高才生张日旻中进士后朝廷所赐。楼内雕梁画栋，异常别致；楼前绿树成荫，环境秀丽雅静。这里曾是琼州的最高学府，是古代海南人士登科入仕的必经阶梯，著名的粤剧、琼剧《搜书院》的故事就发生在此。

其他

石山火山群地质公园及邻区还保存有宋代的儒符石塔、魁星塔及白马神庙等古迹，这些都是公园独具地方特色的人文景观。此外，涅槃塔（省级文保单位）、魁星塔、美社村炮楼、古井等文物都进行了原地维护并加设了保护标志。

革命史迹

海口石山火山群国家地质公园及周边有中共琼崖第一次代表大会旧址、海南革命烈士纪念碑、华南公路工程修建烈士纪念碑、解放海南岛战役烈士陵园、李硕勋烈士纪念亭等革命史迹景观。不忘初心，牢记使命，永远奋斗，革命先烈顽强拼搏，舍生忘死，为我们幸福的生活做了无数的牺牲和努力，他们永远值得我们敬仰和缅怀！

中共琼崖第一次代表大会旧址

中共琼崖"一大"旧址，位于海口市解放西路竹林街131号院，坐北向南，占地面积1839平方米，为二进三间、东西厢房的四合院式布局，是典型的海南民居结构，几十年前栽种的盆架树如今已亭亭如盖。这里原是"邱氏

▼ 中共琼崖第一次代表大会旧址
▶ 海南革命烈士纪念碑

祖宅",1920年老宅兴修之年,正是中国革命风云初露端倪之时。1921年中国共产党诞生,先后有三批共产党员和团员来琼进行革命活动,并于1926年2月在海口"关帝庙"成立了"中共琼崖特别支部"。1994年11月,省政府将革命老宅确定为第一批省级文物保护单位。2001年7月,国务院将其列入第五批全国重点文物保护单位。现在,琼崖"一大"旧址已作为革命传统教育和爱国主义教育的重要基地正式对外开放。

海南革命烈士纪念碑

海南革命烈士纪念碑位于海口市公园路3号,海口人民公园内,建于1954年4月,是为纪念坚持琼崖革命斗争和英勇渡海作战而牺牲的2万多名烈士而建;2003年由地方政府划拨专款进行重修。纪念碑用大方块花岗石砌成,碑四周设有石栏杆,呈四面体,碑总高14.5米,碑身高11米,碑身正面刻"革命烈士永垂不朽",基座正面及碑身背面刻有朱德同志的题词:"长期坚持琼岛革命斗争和英勇渡海作战而牺牲的同志们!你们是中华民族最优秀的儿女。你们的英雄行为,对解放琼岛和全中国起了不可磨灭的作用。烈士们的功绩永垂不朽!"这里是海南省爱国主义教育基地和青少年革命传统教育基地。

华南公路工程修建烈士纪念碑

华南公路工程修建烈士纪念碑位于海口市秀英区狮子岭开发区海榆中线公路10千米处的西侧坡地上。1954年12月，纪念碑原建于海口市秀英小街，2001年9月迁建现址，建设规模蔚为壮观。纪念碑坐西朝东，总占地面积10亩，属园院式建筑，碑基底层正面镌刻着"华南公路工程修建烈士纪念碑"和"海榆中线公路建设烈士纪念碑"的碑名及立碑时间，南北两侧展示烈士名单。碑基正面上方刻着交通部撰写的碑文，内容为："中央人民政府为巩固国防，建设海南，决定修建华南公路，于1952年秋开始施工。海南气候酷热，雨季漫长，时遭台风雨水袭击，海榆中线更越过山高林密、人烟稀少的五指山区，工程艰巨。但由于中国共产党和毛主席的正确领导，全国人民特别是海南人民的大力支援，苏联专家热诚无私的帮助，以及参加修建工程的中国人民解放军和全体职工的爱国主义和革命英雄主义精神，终于

▼ 华南公路工程修建烈士纪念碑
▶ 海南岛战役烈士陵园

克服了一切困难，于 1954 年胜利竣工。唯在施工期间有些同志为了祖国的公路建设事业献出了宝贵的生命。他们的功勋是伟大的，他们的牺牲是光荣的。烈士们永垂不朽！"

解放海南岛战役烈士陵园

解放海南岛战役烈士陵园，原名金牛岭烈士陵园，位于海口市中心城区海秀大道中段南侧的金牛岭公园内。烈士陵园位于公园中部绿树环抱之中，陵园里安葬着 1950 年为解放海南岛首批渡海登陆作战中光荣捐躯的人民解放军渡海先锋营官兵，建有烈士纪念堂、烈士事迹陈列室等，环境气氛庄严肃穆。为纪念在解放海南岛渡海作战中英勇牺牲的烈士，海南行政公署于 1957 年在海口市金牛岭兴建"金牛岭革命烈士陵园"。为了凸显解放海南岛战役的纪念意义，2007 年 1 月，海南省政府批准将"金牛岭革命烈士陵园"更名为"解放海南岛战役烈士陵园"。

李硕勋烈士纪念亭

李硕勋烈士纪念亭位于海口市海府路五公祠对面,建于1986年9月。李硕勋烈士,又名李陶,四川省高县人,生于1903年2月23日,早年参加革命。1932年8月31日,李硕勋受中国共产党的委派,前来海南指导武装斗争。抵达海口后,因叛徒出卖而不幸被捕,同年9月5日在海口市东校场英勇就义,为海南人民的解放献出了英勇的生命。纪念亭建在烈士就义地点,占地面积约1300平方米,亭呈四角形,高6.1米,亭的横匾上有王震同志的题字:"李硕勋烈士纪念亭"。

亭前10米处,有花岗岩雕刻的李硕勋烈士上半身雕像,高1.2米,基座高2米。正面大理石镌刻着邓小平同志亲笔题写的烫金大字:"李硕勋烈士永垂不朽"。背面镌刻着李一氓同志为烈士撰写的铭文。纪念亭后是一座黄墙绿瓦长廊,并列着8块大理石,分别镌刻着李一氓同志为李硕勋同志撰写的传略和烈士遗书,以及朱德、聂荣臻、郭沫若、吴玉章、张爱萍、周士第等同志缅怀烈士的亲笔题词、题跋。亭四周绿树成荫,鲜花环抱,环境幽雅,庭前道路直通海府路。

▼ 李硕勋纪念雕像

民俗文化及景观

　　海口石山火山群国家地质公园内及周边村落一直保存着与火山息息相关的火山文化，又与当地的传统文化相结合，形成了独具特色的民俗文化。其中既有玄武岩石器文化，又有人们寄希望于美好婚姻的婚俗文化，还有人们祈求平安喜乐的祭祀文化，这些文化传承，丰富了公园的精神内涵。

　　海口石山火山群国家地质公园内现有的火山石（玄武岩）古村落，如荣堂村、儒豪村、龙群村、儒穴村、三卿村等，其房屋墙体和路面全部用玄武岩石块砌成。儒穴村、玉库、玉墩等火山石村落原居民逐步迁移，但遗址废墟特征明显，村内生产及生活工具也大多用玄武岩石材做成，如石磨、

▼ 火山石村落

石臼、石舂、石桌、石凳及榨甘蔗的石器等，拥有独特且历史悠久的石器文化，也是需要保护的典型的火山文化遗产。除此之外，公园内还保存着宋代的儒符石塔、魁星塔及白马神庙等古迹，几乎全以火山石为原材料，造型特殊，技艺精湛，为国内罕见，且蕴含丰富的佛教文化和历史传说，成为公园内独具地方特色的人文景观。

以前火山地区长期缺水，人们用水缸储水，一般人家的水总是吃紧，往往只有富裕人家才能常常水满整缸，因此，水缸的多少就反映了一户人家的富裕程度，婚嫁时送水缸则成了火山地区一种特殊的结婚风俗。除此之外，也有"嫁出去的姑娘，泼出去的水"的意思，契合传统的婚嫁观念。

海南是遭受地震、火山喷发、台风等自然灾害相当严重的地区，海口傍水而建，更是地质灾害频繁发生的地区。公元1605年的琼山7.5级大地震曾造成72个村庄陷没海底，形成了中外著名的"海底村庄"，其遗址在退潮时依稀可见，石墙、石棺、石器等可见于遗址内。海南又是我国新生代以来火山活动最强烈、最频繁地区之一，火山熔岩覆盖了琼北广大地区，火山喷发造成了无数生灵惨遭涂炭；每年的台风更给海南带来无法估量的损失。因此，火山地区几乎每个村落都供奉土地神、山岭神（即火山神）、风雨神三位神灵，祈求大地不再颤动，火山不再喷发，台风不再肆虐，世间风调雨顺、安定祥和。尽管供奉神灵带有一定封建色彩，但也反映了人们对美好生活的企盼。

▲ 火山村落的石磨
▼ 火山村落的石墙

游览海口石山火山群

北部园区
南部园区
游览海口

北部园区

海口石山火山群国家地质公园北部园区主要位于海口市石山镇境内，马鞍岭位于公园北园区北部，登顶马鞍岭，一览众山小，火山风光尽收眼底。北部园区是火山口的主要分布点，以火山地质景观为主，以人文景观和生态景观为辅，是综合休闲、科普、旅游、观光、徒步功能的景区。

▼ 海口石山火山群地质公园碑石
▶ 石山火山群地质公园北部园区景观分布图

海口石山火山群国家地质公园北部区域是地质公园的主体景区，是地质公园主园区的所在地，以马鞍岭景区为基础，扩建成为主园区，形成了火山景观为基础的火山丛林生态景观区，北区整体海拔较南区高，海拔在100~230米，北与长流

镇相接,东侧是永庄水库,西临玉凤水库,范围较大。北部园区主要以火山地质遗迹景观为主,包括各种类型火山锥;另外,由于火山熔岩流作用形成次一级火山地质景观熔岩隧道七十二洞、仙人洞、火龙洞等,具有较高美学价值和科考价值的熔岩隧道皆出现在北区。北园区中部与西部片区重点发展火山观赏、生态与村落文化相结合,以及环境友好的游览路线区,建设美社岭、昌道岭、双池岭、一字岭科学考察点,其中一字岭剖面出露完整,具有地质科学考察价值。

石山火山群地质公园北部园区作为地质公园的主园区,科普场馆、民俗文化展示馆及公园的行政管理中心都设立于此,其中包括露天与室内相结合的火山科普与文化博览区、火山与民俗文化展示与展演区、火山地震防灾体验性教育基地、游客集散中心、游客接待服务中心、

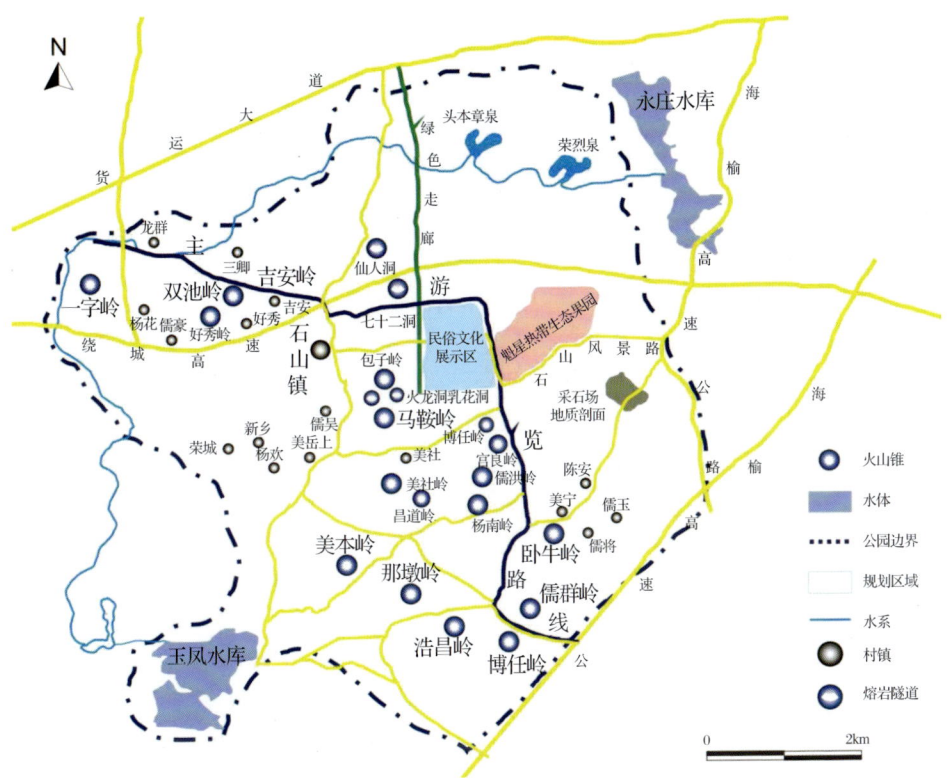

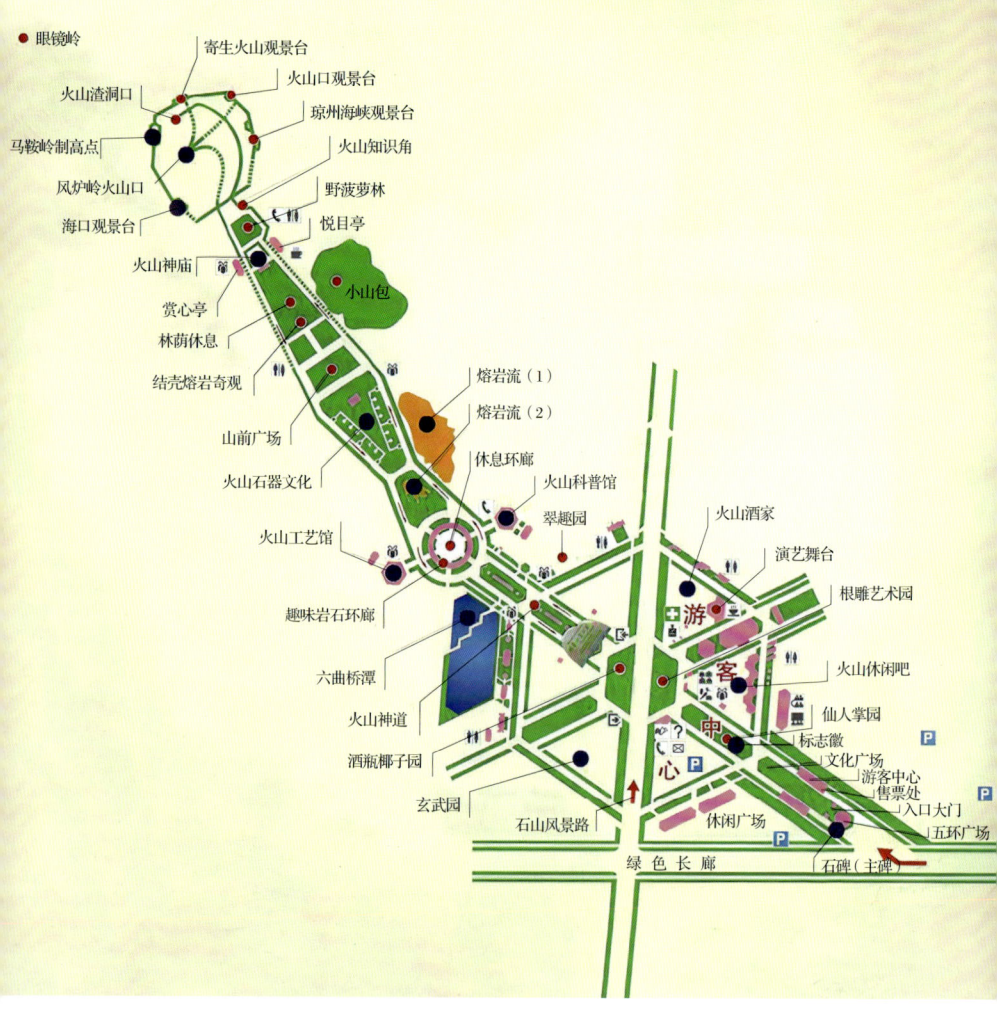

公园行政管理中心、科学考察与教学接待基地等。在公园北部园区还设立了相应的旅游服务设施区，其中包括入口休闲区和火山及矿、温泉休闲养生度假区，为游客提供休闲养生之地。在主园区东西两翼设立特色景区荣堂村火山石古村落体验性风貌区和魁星热带生态果园体验

HAIKOU VOLCANOES | 海口火山

性观赏区,游客可在观光之余体验民风民俗,品尝热带水果。在北区西部还设立了儒豪－道堂－龙群－儒穴村－三卿村落文化乡村游览区及道堂古驿道及特色农副产品展销中心。主园区内容丰富,精彩不断。

◀ 火山口景区景观图
▼ 火山岩砾石
▼ 火山岩石门

南部园区

海口石山火山群国家地质公园南部园区主要位于海口市永兴镇境内，雷虎岭、罗京盘等火山口位于南部园区内，村庄密集，火山口周边热带经济作物种植面积大，在火山土壤的孕育下，形成了独特的田园风光和生态景观，让您在忙碌的生活中体验"采菊东篱下，悠然见南山"的惬意田园生活。

海口石山火山群国家地质公园南部园区重点发展罗京盘、雷虎岭火山生态旅游路线，以及罗京盘、雷虎岭火山科考点，在保护火山、古荔枝林与火山口田园风光的基础上，推行热带生态农庄。重点景区包括：雷虎岭火山荔枝林生

▼ 石山火山群地质公园南部园区景观分布图

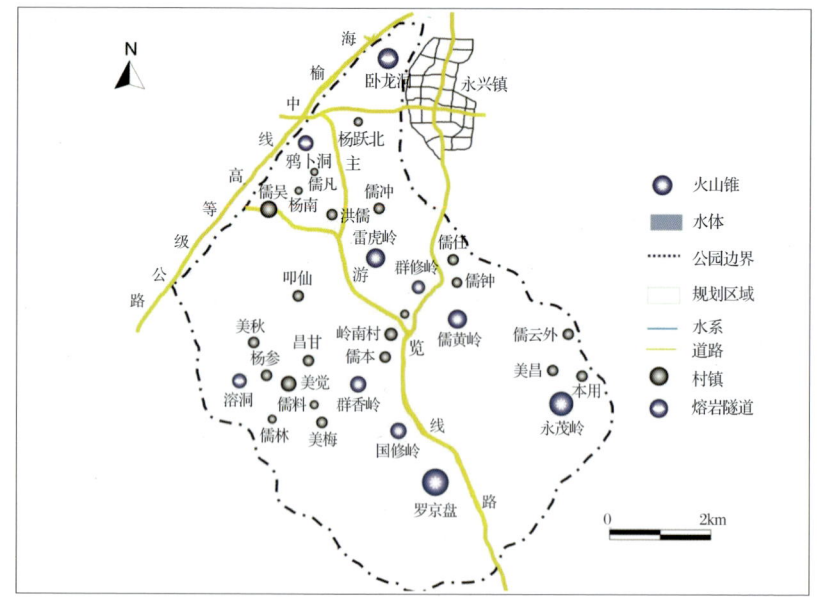

态观赏区和罗京盘火山口田园风光观赏区。另外，卧龙洞熔岩隧道群，以及永茂岭、儒黄岭、群修岭等具有科学意义的火山口都分布于南部。园区内重要人文景观白马寺位于南区北部雷虎岭西侧。南区村庄密集，整合南区的火山景观资源和原生生态景观资源，在保护的前提下发展生态农业和农业观光旅游是南部园区的发展思路。

▼ 火山荔枝博览园

游览海口

地质公园所在地海口傍江临海，环境优美，拥有集自然风光、热带生物、文化古迹和民族风情于一体的自然及人文旅游资源，是一座休闲城市、港湾城市、生态宜居城市、温泉海岸城市、历史文化名城。您所期许的旖旎风光，所希望的微波荡漾，所迷恋的古刹楼阁，在这座充满温度的热闹城市中都会一一向您展现。

海口市位于东经110°08′~110°43′，北纬19°32′~20°06′，地处海南岛北部，东邻文昌市，南接定安县，西连澄迈县，北临琼州海峡与广东省隔海相望，临海而建，旅游资源丰富，是国内外著名的旅游城市。

▼ 暮色海口湾
▶ 海口新旧沟湿地

HAIKOU VOLCANOES | 海口火山

地质公园所在地海口作为旅游城市，拥有独特的旅游资源和神奇的自然风光。在海口市全长 136.23 千米的海岸线上，沙滩宽阔且坡度小，沙细洁白，多数沙滩岸边绿树成荫，临沙岸海面风平浪静，海水清澈，是海滨浴场和海上运动的理想之地。在东寨港红树林风景区，有明万历三十三年（公元 1605 年）琼州大地震时陷下海底的 72 个村庄遗址，称为"海底村庄"；港区内生长成片的红树林，被列为国家级自然保护区，划小船游弋其中，观树、观鱼、观鸟，趣味盎然。海口作为联合国教科文组织雷琼世界地质公园海口园区所在地，是中国为数不多的休眠火山，也是世界上保存完好的火山之一，地质遗迹丰富，地质景观别具一格，是旅游、地质考察、青少年科普的理想地点。除此之外，海口湿地景观遍布，湿地生态系统保护完整，是中国名副其实的"湿地之城"，青山绿水的诗意画卷数不胜数。

海口作为现代化城市，但丝毫不影响海口的古城气韵，自西汉时

起海口分属珠崖郡的瞫都、玳瑁、珠崖三县（其治所均在今海口市境内），后又经唐、宋、元、明、清，一直发展至今，文物古迹在城市内星罗棋布，老城区内有5条骑楼建筑老街，形成独特的骑楼文化，有始建于洪武年间的古代军事遗址——明代海南卫所在地城门楼的府城鼓楼，为纪念明代琼籍名贤王佐而建的西天庙，为纪念维护祖国统一、促进民族团结的历史名人冼英而建的新坡冼太夫人庙，为纪念明代琼籍清官海瑞建的海瑞墓园，为传播文化、培养海南子弟而建的琼台书院，为纪念被贬谪来海南岛、传播文化推动海南文化发展和交流的唐代名臣李德裕和宋代名臣李纲、李光、胡铨、赵鼎而建的五公祠。其次，作为重要的军事要地，海口在抗日战争、解放战争中发挥了巨大的作用，革命烈士陵园、中共琼崖遗址、烈士雕像赫然在立，时时刻刻提醒着我们，不忘初心，牢记使命，永远奋斗。

来到海口，体验不一样的海滩风光，感受不一样的热带风景，游览不一样的火山美景。

▼ 海口星海湾朝霞

探秘海口石山火山群

琼北火山群的形成
火山熔岩隧道成因

琼北火山群的形成

海口石山火山群国家地质公园有火山口30多座，发育了熔岩锥、碎屑锥、混合锥、多重混合锥、低平火山和塌陷破火山口等类型的火山，堪称天然的火山博物馆。公园位于"雷琼坳陷"南部，处板块交汇地带，区域断裂围限形成近东西向的陆缘地堑-裂谷带。晚新生代以来的构造活动，使得坳陷带内形成近东西、北西、北东和南北向的断裂，伴随着多期、多次的火山活动，就形成了琼北地区丰富、多类、多期的火山地质遗迹。

火山，是地球深部岩浆活动穿过地壳，运移上升到地面或喷出地表并具有特殊的机构及形态的地质体。火山活动常喷出大量高热的气体、固体碎屑和熔融的岩流，在出口周围堆积成山丘，称火山锥；有的也可因喷出活动很快停止，没有足够的喷出物堆积，或因喷发时爆炸猛烈，毁坏了原来的火山锥，而不具有山的形态；还有些地方的岩浆是沿地壳裂隙大面积涌出，也不形成突起的山丘；有的岩浆上升到接近地表，而未能冲出，但已使地面形态变异，可以认为存在着潜在的火山。火山主要是根据火山锥的成因及物质组成进行分类，通常分为熔岩锥（盾火

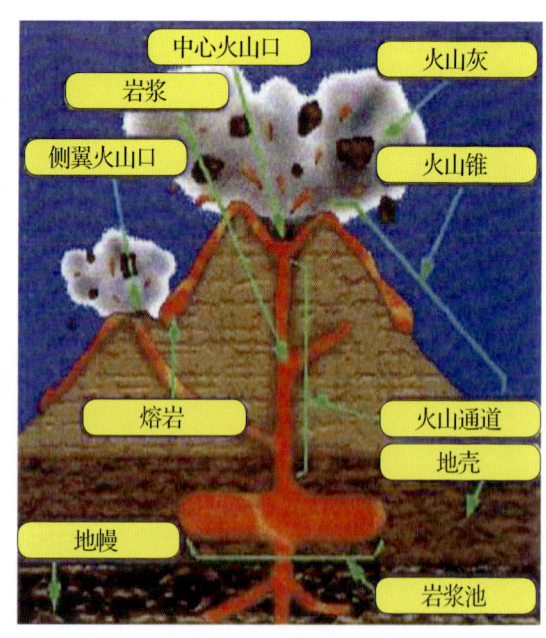

山)、碎屑(岩)锥、混合锥(层火山)、多重混合锥(多重火山)、低平火山(玛珥火山)和塌陷破火山口6种类型。石山火山群内拥有火山口30多座,各类成因火山类型皆存在于园区内。

海口石山火山群国家地质公园的火山地质遗迹的形成,取决于其特殊的地质构造背景。在构造上,琼北新生代火山岩分布于"雷琼坳陷"的南部,该坳陷区位于南海北部大陆架上,地处太平洋板块、欧亚板块及印度板块的交汇影响地带。坳陷区的南缘和北缘,分别为王五-文教和界炮-黄坡两组近东西向正断层所限,形成近东西走向的大型陆缘地堑-裂谷带。

◀ 火山喷发及火山机构示意图(据海南省地质地理学会,2018)
▼ 风炉岭及其寄生火山口

根据地表露头和钻孔揭示，琼北新生代坳陷的基底主要由中元古界和华力西期—印支期中酸性侵入岩组成，在局部呈北东向展布的断陷盆地内，堆积了白垩系。基底之上，沿裂谷带发育的一套新生代地层大部分深埋地下。新生代地层厚度变化很大，最大厚度超过3526米。其中，古近纪地层为冲洪积相及河湖相；新近纪地层为滨海浅海相，第四纪以河流相为主。沉积相的特征及其演化，反映了本区新生代时期地壳从局部断陷沉降（古近纪）发展为大面积坳陷（新近纪），再转变为隆起（第四纪）的复杂演化过程。在每一个地质阶段上，均伴随着多期、多次的火山活动。这些特征，标志着本区在构造上的活动性。

琼北新生代沉积盖层和基底的构造明显不同。早新生代基底的构造格架呈北东—北北东向展布，由一系列平行的褶皱和断裂显示出来。新生代以来，区内构造运动发生了根本的变革，从挤压褶皱向引张断裂转化，因而在新生代沉降盖层中断裂构造发育。许多古老的与新生的北西、北东东和东西向的张性断裂，常常切割北东—北北东向构造，形成以东西、近东西向为主的新生代构造格局。这种构造格局乃是华南大陆边缘受到西南面印度板块的挤压碰撞，和南东东方向太平洋板块的俯冲影响的结果。由于中国东部地壳被强烈引张、裂陷，区内地壳也被拉张而下沉，形成雷琼–北部湾新生代地堑型坳陷盆地，它们与东面的珠江口坳陷盆地

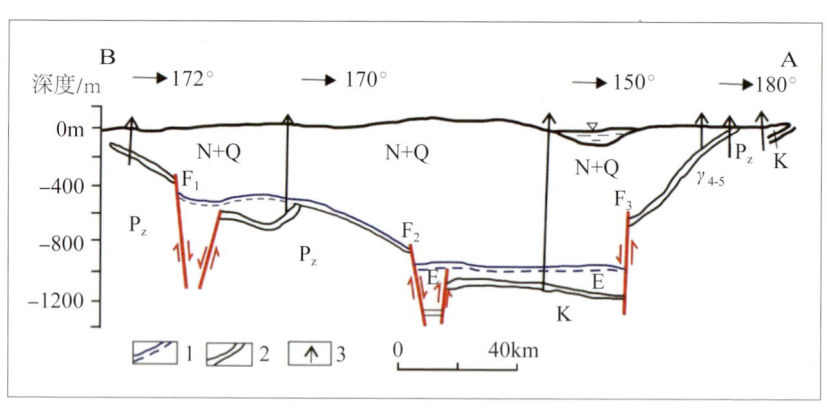

▲ 雷琼坳陷示意剖面图（据海南地质地理学会，2002，有修改）
1—假整合；2—不整合；3—钻孔位置；F_1—黄坡-界炮断裂；F_2—政和-调风断裂；F_3—海口断裂；N+Q—新近系与第四系；E—古近系；K—白垩系；γ—华力西期—印支期花岗岩；P_z—古生界

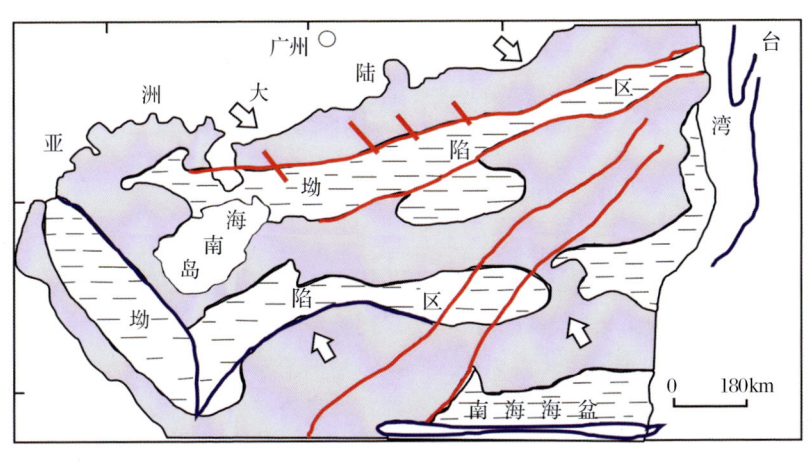

▲ 南海北部大陆架地堑盆地分布示意图（据海南地质地理学会，2002，有修改）

一起，组成近东西向的南海北缘陆架地堑系。雷琼地堑系盆地内的断裂，主要有走向东西（或近东西）、北西、北东和南北向 4 组。其中以东西（或近东西）向和北西向断裂带为主，它们不仅控制了雷琼坳陷盆地的展布方向、盆内次一级隆起和坳陷的分布，同时还控制着新生代基性岩浆活动。

新生代时期，本区的构造活动及其演化，以及强烈的基性岩浆活动，与深部构造背景密切相关。根据区域重力资料计算，在王五－文教断裂以北的雷琼坳陷区，康拉面较浅，深度在 16~17 千米，地壳较薄，莫氏面深度为 31~33 千米，属于雷琼幔隆区的一部分；以南的海南中部隆起区，地壳明显增厚，可达 35 千米，属于五指山幔拗区的一部分。在琼山－石合断裂以东的文昌隆起区，康拉德面深度与雷琼坳陷区的相同，而莫霍面深度为 30~32 千米，这样，从地堑系边缘到中心，显示出一幅从南向北地壳减薄、莫霍面逐渐上隆的图景。这种深部构造背景，是造成本区地壳张裂下陷，裂谷产生、演化的内因。本区火山活动正是在这种区域构造背景下发生、发展和演化的。

火山熔岩隧道成因

> 火山熔岩隧道又称熔岩管,在火山熔岩流流动过程中形成,多分布于玄武岩台地的火山遗迹,具有科学意义和旅游价值。地质公园内熔岩隧道大大小小数十条,分布于园区的各个火山口之外,形态各异,长短不一,洞内微观地貌更是数不胜数。那么,如此神奇美丽的熔岩隧道是如何形成的呢?不同熔岩隧道的形成机制是否不同?洞中有洞、洞上有洞的奇特景观又是怎样产生的呢?让我们一探究竟!

熔岩隧道在熔岩流流动过程中扮演着重要角色,为熔岩流向更远端流动提供了条件。熔岩隧道形成机制复杂,受各种地形、黏度等因素影响,形成过程可以简单地概括为:火山喷发溢出流动过程中,表层散热冷却先固结为玄武岩壳,下部熔岩散热较慢,继续保持较高的流动性,当内部熔岩冲出前缘限制流空而形成了熔岩隧道。熔岩隧道的产生就是熔岩流的流动造成的,熔岩流流动过程即是限制条件也是促进条件,一方面在横向上限制了熔岩流的展布;另一方面,在纵向上使后续熔岩流可以向更远的地方流动。

常见熔岩隧道形成机制

狭长沟槽中熔岩壳的生长

凝固熔岩通常附着在与空气接触的流动熔岩流的河岸上。在稳定水平的流量下,熔岩继续吸积到这一边缘,并且地壳在流动的岩流表面缓慢生长;地壳的外缘不断推进固体和熔融熔岩之间的边界。结壳从两侧河岸向河流中心不断增长。如果熔岩流水平保持相对恒定,则两个从相对方向生长的结壳最终在河道中心合并,完成隧道顶部并形成初期熔岩管。然后,地壳通过生长到下游边缘的指状突起进一步前进，前进的尖端在岩流中是灵活的和波状的，同时基底变厚、变硬、变宽和合并。这样，地壳逐渐向下游延伸，顶部开口像拉链一样闭合。然而，如果水流水位突然

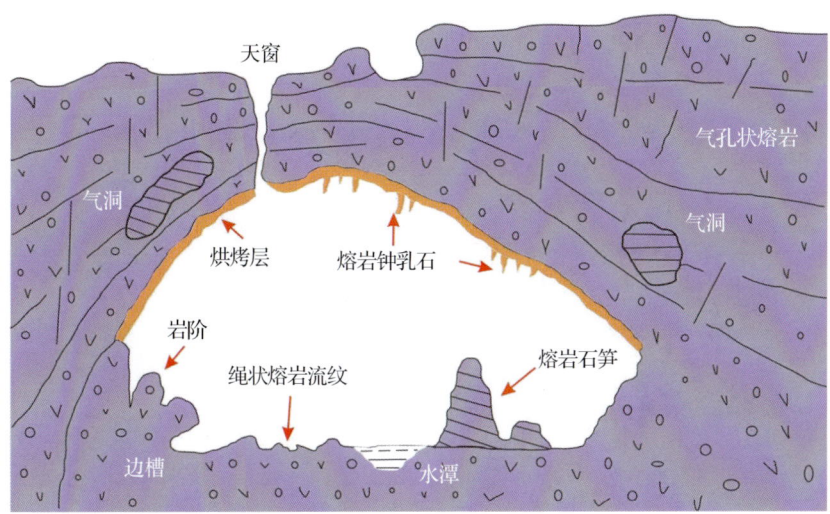

▲ 火山熔岩隧道断面示意图

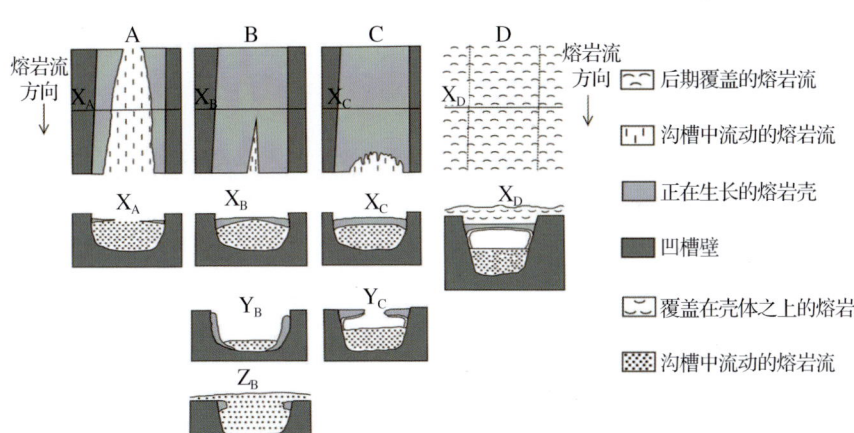

▲ 封顶形成熔岩隧道过程（Donald W. Peterson et al., 1994，有修改）
A~D—平面图；X_A~X_D—横截面图；Y、Z—平面图中无法展示的现象；A—在凹槽壁凝固形成的薄壳通过吸积熔岩开始增长；B—熔岩流沿着一条中间线形成隧道屋顶，下游部分开放；C—熔岩流流量保持稳定，隧道顶部稳定增长变厚，地壳的下游边缘通常呈弓形；D—来自上游源头的新熔岩覆盖了该地区，进一步增厚和加固了顶部壳体。熔岩仍在流动，隧道基本形成

下降，而地壳仍然很薄和脆弱，地壳就会塌陷，或者如果水位快速上升，地壳可能会被撕裂并带走。

堤防加积形成拱门

当熔岩流的频繁波动时，可能会发生堤防吸积形成顶部结构，而第一种方式熔岩壳的生长则需要一个相对恒定的熔岩流水平。当熔岩在流动飞溅时，也会发生类似堤防式的堆积。

在一条熔岩流动的凹槽上，波动的熔岩流反复地升高和下降，吸积作用集中在沟槽两侧和顶部，两侧逐渐在河流中相互拱起。如果溢

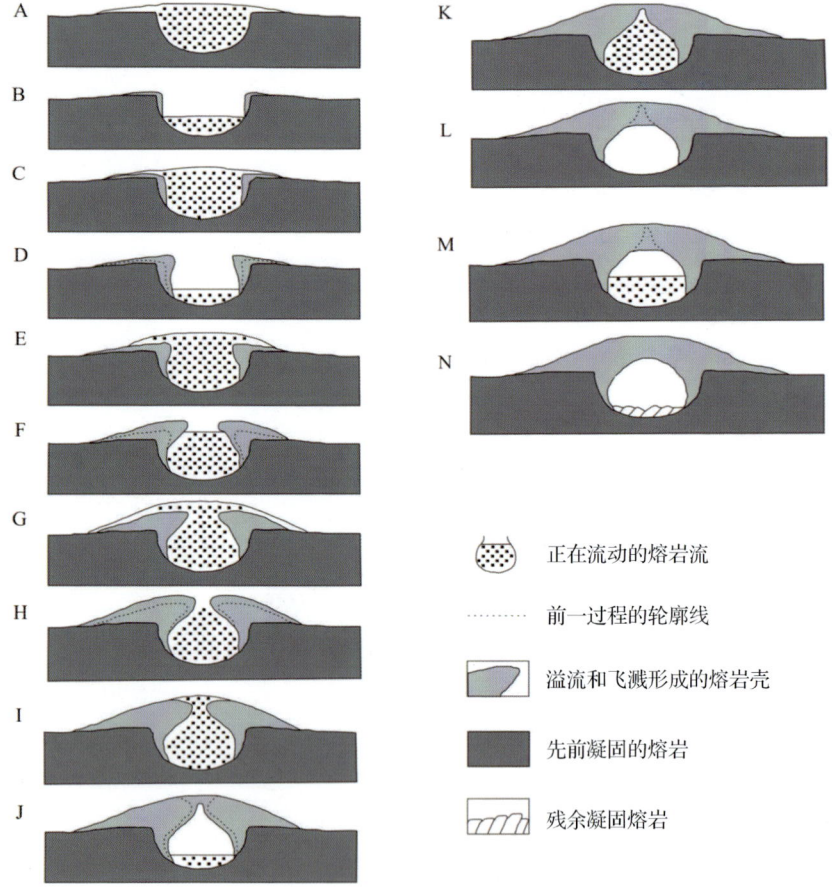

▲ 堤防加积形成拱门而形成熔岩隧道过程（据 Donald W. Peterson et al.,1994,有修改）横截面图 A~N 显示了通过熔岩流的溢流、加积，沟槽侧壁和顶板不断加厚坚固，形成完整熔岩隧道的过程

出物太少，以至于几乎没有从边缘溢出，那么堤墙就很薄，很脆弱。但是，偶尔会出现大的溢流，形成相对于其高度较厚的堤坝，熔岩流水平的突然下降通常会导致薄壁堤防坍塌。在熔岩流的不断波动下，两侧不断搭建生长，最终熔岩的涌流可能会越过两个汇合的堤坝之间剩下的狭窄狭缝。当熔岩流下降时，新积聚的凝固熔岩狭缝封闭，完成了顶部封闭，形成一条完整的熔岩隧道。如果熔岩流水位再次上升，使管道完全充满熔岩，热量在顶部较薄的部分散失，导致熔岩凝结到顶部下方，使其变厚并加强。通过堆积到堤坝上的熔岩管的发展取决于熔岩流的反复波动。由于飞溅也促进了拱堤的形成，所以这种成管过程通常在富气熔岩、脉动活动和剧烈排放为特征的通风口附近进行。

这种熔岩管的表面通常表现为凹凸不平（这种情况一般形成高度陡峭的熔岩隧道），向下延伸穿过熔岩场。由于顶部某些部分没有完全封闭，或薄或薄弱的部分坍塌，通过天窗可以看到管道内部。就像其他过程形成的管道一样，地表熔岩的覆盖会使顶部变厚和变强，但也会使管道位置变得模糊，甚至掩盖其存在。

漂浮的壳筏聚集

当流动主要沿边缘剪切，而不是像在内部层流或湍流中那样在整个流动中剪切时，冷却熔岩的表皮往往形成在熔融流的表面，如木筏

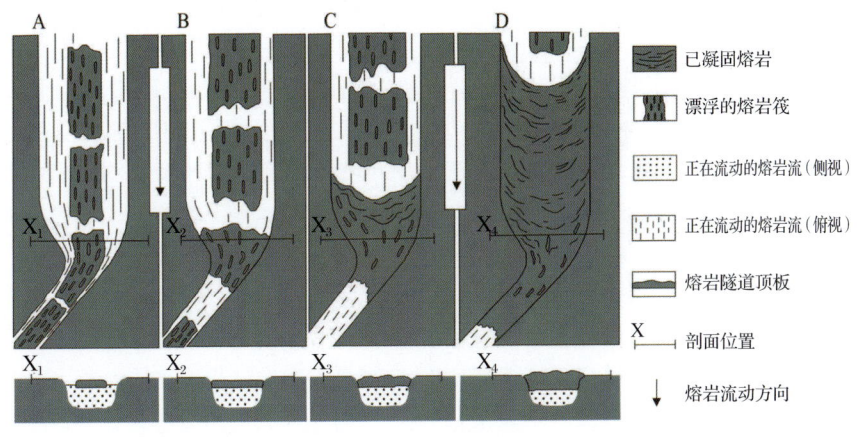

▲ 熔岩壳体聚集形成熔岩隧道过程（据 Donald W. Peterson et al., 1994, 有修改）
A~D—平面图（箭头表示流向）；X—横截面图；漂浮地壳的形成主要有两种方式：
（1）移动熔岩表面的冷却；（2）上游已发育的壳体板块的破裂；A—低强度筏状的熔岩壳体在熔岩流表面漂浮，穿梭；B—大的壳体无法通过沟槽的狭窄处；C—壳体不断堆积；D—堆积一定规模后形成完整的顶板，熔岩隧道基本形成

一般漂浮在熔岩表面。最初,这些筏板是灵活地漂浮在熔岩流上表面,但因为在渠道它们可能会收缩或急弯(在弯道处卡着),灵活性下降,不断加厚和凝固。当熔岩继续在堵塞的壳体下面流动时,这一段就变成了熔岩管的顶部。如果在最初的聚集处后面堆积了更多熔岩壳体,那么顶部和熔岩隧道就会不断向上游增长。阻塞的熔岩壳体随着过程的继续折叠、扭曲和融合在一起。当热量从屋顶表面辐射出来时,熔融熔岩会积聚到其底部,增加其厚度和强度。同时,筏状壳体可能从屋顶的下游边缘开始聚集,通过两个不同但组合的过程,即向上游不断聚集,又可能部分断裂向下游流动。在稳定和波动的流动过程中,柔性结壳的聚集可能会形成管。

熔岩流进击性伸展

Peterson(1994)在夏威夷火山绳状熔岩流中观察到这种熔岩流进击性伸展形成熔岩隧道的方式,而后 Calvari(1999)通过对前人研究成果的总结及在埃特纳火山上观察到的现象得知,这种熔岩流的侵位方式形成的熔岩隧道在渣状熔岩流中也可以形成,而后被流动缓慢黏度大的结壳熔岩所覆盖。结壳熔岩是玄武熔岩的一种基本类型,它的冷却形成光滑、波状、绳状等典型特征。结壳熔岩由热的玄武岩浆构成,当岩浆的黏度(由于气泡密度低和极高的温度)和熔岩拉力(与流动速率和地面坡度有关)很低的时候。当这些因素改变的时候,它就会变成另外一种形式,有粗糙的、破碎的、多棘刺的、斑驳表面的渣状熔岩。

熔岩流进击性伸展形成熔岩隧道的机制不同于上文介绍的,它并不需要一个限制性沟槽作为熔岩流建造隧道的基础。熔岩流在坡度较缓的地面上流动,并开始向各个方向扩散,而其上表面凝结形成一个看似静止的壳体。地壳下面的熔岩继续向前和向外推进,并向上膨胀,随着熔岩流在内部的流空,熔岩管形成。在稳定的熔岩表面,熔岩流继续向前和侧向扩散,分流系统变得越来越复杂。由于管系的不同分支改变了它们的流动趋势,扩散方向部分受地形影响,部分受时间变化的影响。这种进击性的伸展会导致熔岩流向上部软弱的壳体侵蚀,形成复杂的多层熔岩管系统。由于形成的地形坡度较低,岩流很容易横向展开,宽度最长可达几千米。

总结前人的研究成果,Ollier-Brown 的层状熔岩的形成机制表述的核心即是:当平稳的熔岩流溢出速度突然增高,使新的熔岩流不再保持与之前同一水平，而是升高形成新的层流，下层先冷凝具有一定的强度，上表层流也会先冷凝下来，这样中间层流空形成隧道。其实，这就是 Greeley 和 Peterson 描述的多层结构形成的方式之一。我们也可以将前人提出的熔岩隧道的成因机制分为有沟槽限制形成的"封顶型"熔岩隧道和在平缓地形形成的"进击型"熔岩隧道。

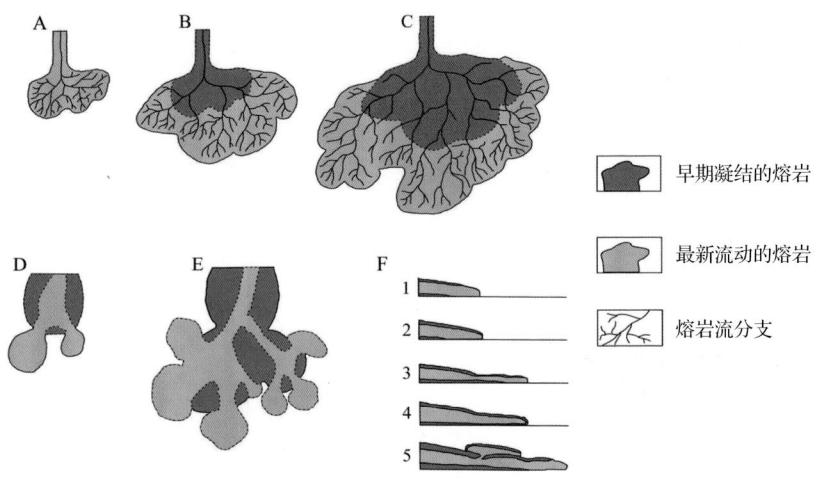

▲ 熔岩流进击性伸展形成熔岩隧道过程（据 Donald W. Peterson et al., 1994, 有修改）
绳状熔岩伸展作用下熔岩隧道的发育，视图 A、B 和 C 显示了在低坡度表面上绳状熔岩流整体前进的步骤；视图 D、E 和 F 显示了单一熔岩流更详细的发育情况

公园内熔岩隧道的成因

根据调查，荣堂村附近地形低缓，以结壳熔岩占绝对优势，熔岩流整体隧道内也多见结壳熔岩残留。七十二洞隧道呈现向北、北西方向的进击伸展，熔岩隧道的展布方向与熔岩流的流向基本一致，隧道主体呈现圆形或扇形的整体分布；内部的结构特征为多细小的分支，展布呈现树枝状，形成的整体结构特征和地形特点与在埃特纳火山观察到的正在形成的火山熔岩隧道基本相同。

七十二洞可以观察到非常宽的腔体和狭窄、低矮的通道交替出现的结构特征，这是熔岩隧道最为显著的结构特征。即便是在流速较慢的平坦地段上游，由于熔岩流溢出时自带一定的流速，也可以形成这种特征结构，在海口石山熔岩隧道便可以很好地观察到这种现象。仙

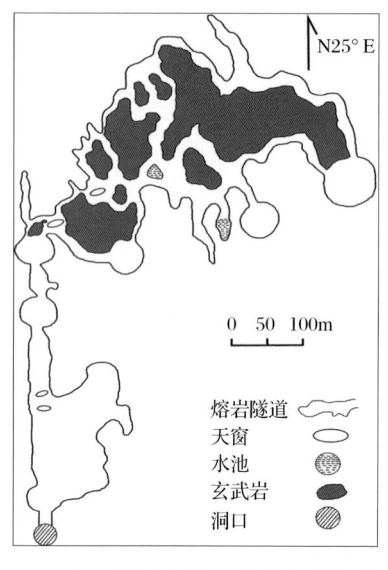 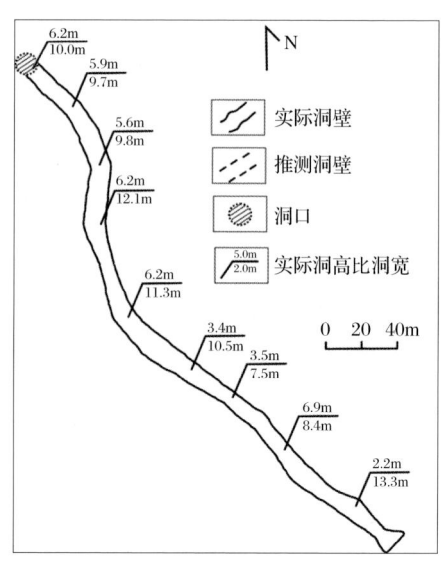

▲ 七十二洞展布图（据海南省地质调查局，2018，有修改）　　▲ 仙人洞实测展布图

人洞腔体大都呈现半球形状，即：由于表观黏度增加和地形坡度降低的综合效应，导致了流速降低。为了与之前条件下保持相同的流量，管道的平均直径需要增加。笔者认为这种解释和进击型伸展成因形成的熔岩隧道也是很好的对应，当坡度低、地形平坦地区熔岩流的流速和黏度都达到相当程度时，形成的熔岩隧道腔体不断向四周扩展，外部形成巨大的半球状形状，内部分支协同气体压力的作用形成复杂的熔岩隧道网络。

当然，也有像火龙洞、乳花洞这样的呈直线型展布的熔岩隧道，但通过调查发现，这些呈现直线型分布的洞穴都分布在离火山口较近的地方，在隧道内外发现了大量渣状、块状熔岩的堆积，也侧面表明了较快的溢流速度。即：当熔岩流从火山口溢出时，流速较大，坡度也相对较陡峭，这种条件下不能缓慢地向四周展布，形成直线型隧道形态。但这样的形成方式与在沟槽中封顶形成不相同，即：当原本地形没有原生的低凹地形出现时，或者低凹地形不明显时，流速黏度达到一定程度时，可以形成这种直线型隧道形态，也可以两侧不断生长（就类似于封顶形成的方式），或者由于熔岩流在机械作用热侵蚀的共同作用下形成低凹地形，从而为熔岩隧道的形成创造条件。

火龙洞和乳花洞出露在包子岭北侧山腰上，包子岭为第四纪马鞍岭亚期喷发形成的混合锥，火龙洞的双层结构表明了隧道洞穴在早期形成后，后期作为熔岩流的流动通道，使得熔岩流在流动时保持较高温度和较低黏性，为熔岩流向更远端流动提供了条件。其实这种洞上有洞、洞下有洞的多层结构，在很多熔岩流流动频繁地区的隧道洞穴之中都会存在。多期次的熔岩流作用及熔岩流不断从顶部位置溢出会导致形成熔岩隧道多层结构，当新的熔岩流覆盖之前下层顶部的岩壳没有足够的时间冷却、加厚，并完成自我支撑时，在熔岩流自重的条件下和侵蚀作用下发生管道的聚结。这种聚结多发生在垂直方向上，当熔岩流流动大，侧蚀强时，也会发生横向的聚结；相反当顶部的熔岩壳有足够的时间冷却、加厚直立时就会形成特殊的多层结构。

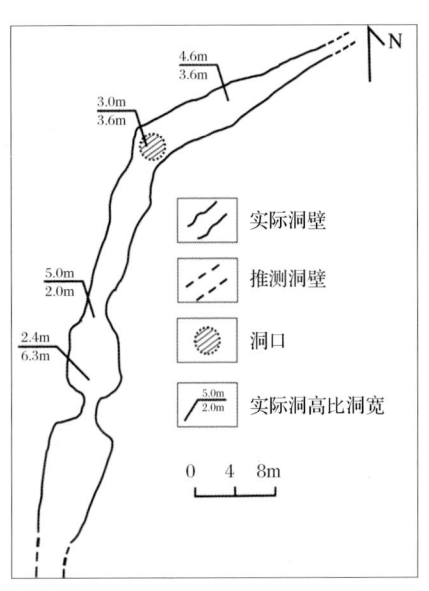

▲ 火龙洞实测展布图

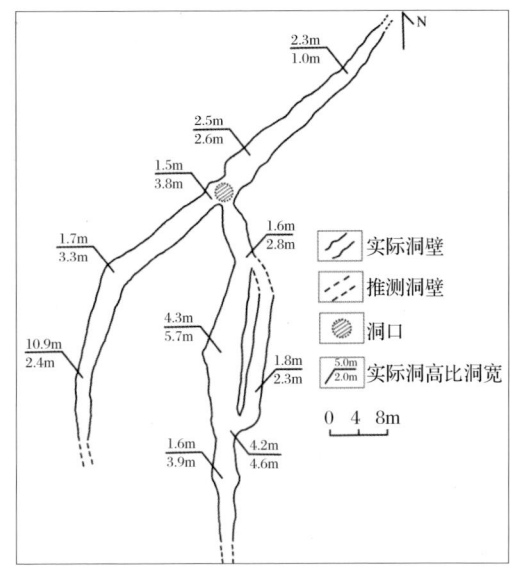

▲ 乳花洞实测展布图

游览资讯

交通指南　　休闲娱乐
特色住宿　　特色产品
风味美食　　景区常用电话
游览指南　　游客须知

交通指南

> 海口石山火山群国家地质公园位于海口市秀英区的石山、永兴两镇境内，距海口市中心15千米，交通网络四通八达，十分便利。行走天下如鱼贯雁行，要的就是一个方向，一路向南，寻找人生的方向和坐标；抛开束缚，无线畅通，赏遍沿途的美丽风景，行至梦寐以求的追寻。

地质公园所在地海口市作为海南省省会，交通便利，航空、铁路、公路网络四通八达，市内轨道交通，公交线路遍布。海口美兰国际机场已开通至北京、天津、上海、哈尔滨、郑州、成都、西宁、石家庄等多条航线；粤海铁路、环岛铁路连接海南岛内外；沈阳—海口、兰州—海口、海南环线高速公路纵横分布，构成了海口市立体交通网络系统。

航空

海口美兰国际机场机场占地面积1140公顷，拥有1条长3600米、宽45米的跑道；平行滑行道长3600米、宽23米；航站楼总规模近15万平方米，站坪总面积79万平方米，站坪机位78个。截至2018年夏秋航季，海口美兰国际机场共通航国内外城市105个，共有40家航空公司在海口美兰国际机场运营169条航线。

铁路

粤海铁路是中国第一条跨海铁路，是世纪之交中国建设史上一项标志性工程，表明中国在建设跨海铁路上取得了关键技术的突破，填补了多项中国国内空白，标志着中国铁路建设进入了新的历史阶段。粤海铁路作为中国第一条跨海铁路，将为中国跨海铁路的建设、运营、管理提供经验。全国其他城市直达海口列车众多，非常便利，让火车伴您一路通行，行至水穷处，坐看云起时。

▲ 海口美兰国际机场
▼ 粤海铁路俯瞰图
▼ 粤海铁路

主要城市至海口列车线

列车线	起始地点	终止地点	行驶时间
Z201	北京	海口	约34小时
D1805	成都	海口	约21小时
Z114	天津	海口	约33小时
Z350+Z111	青岛	海口	约44小时
K511	上海	海口	约35小时

公路

海口石山火山群国家地质公园的公路有经过海口的高速公路和省内国道。

海口高速公路与国道表

高速公路				省内国道			
公路编号	名称	出发地点—终止地点	全程里程/km	公路编号	名称	出发地点—终止地点	全程里程/km
G15	沈海高速公路	沈阳—海口	3171	G223	223国道	海口—三亚	323
G75	兰海高速公路	兰州—海口	2750	G224	224国道	海口—三亚	309
G98	海南环线高速公路	海口—三亚	612.8	G225	225国道	海口—三亚	429

公园内部交通

海口石山火山群国家地质公园内交通包括机动车路、步行观光路、探险路。公园机动车路主要承担各景区之间和主要居民点之间的交通联系。道路红线宽度9~12米，车行道5~7米，余为路肩或步道。一、二级保护区的步行观光路保持土路或采用栈道的方式，道路红线宽度1.5~3米。公园有两处主要出入口，一为绿色长廊北出入口，为主入口，次入口为石山风景路东出入口；二为海榆中线通过公园入口。公园共设置集中停车场两处，主要在靠近绿色长廊、主园区集散中心，其次在石山风景路入口处。在靠近主要景区合适地块（如机动车观光路末端）设置小型公众停车场，满足游客换乘与就近游览的需要。

▲ 内部游览栈道

特色住宿

地质公园所在地海口作为身处中国最南的城市之一,这里冬无严寒,夏无酷暑,四季常青,温暖舒适。白日梅香扑鼻,夜晚椰乡氤氲,伴你入睡的尽是鸟叫虫鸣;晨起推窗望去也尽是碧蓝天空,无边大海。居住在此,是身心的宁静,精神的饱满。

海口喜来登温泉度假酒店

海口喜来登温泉度假酒店位于椰树婆娑的西海岸,距海口市主要的商业和购物中心仅10分钟车程,乘车至海口美兰国际机场仅需40分钟,是高效商务活动和舒缓身心的理想之地。341间装饰精美典雅的客房,包括36间可享受海景或园景的豪华套房。每间客房配备了喜来登特有的白色甜梦之床、宽敞的工作区、加大浴缸、分离的热带雨林式淋浴、高速宽带上网、私人露台等。

海口椰海大酒店

海口椰海大酒店系海口海关机关服务中心下属的经营实体,地处海口市繁华的金融贸易区,被誉为海口天然氧吧的万绿园和集中国美食为一景的金龙美食街近在咫尺,仅需稍移玉步,即可尽享。酒店按四星级标准设计装饰,极具热带风韵。酒店建筑面积为23000平方米,所设大型室外停车场堪称海南城市酒店之最。拥有263间各类豪华客房,宽带上网,配套齐全。海口椰海大酒店一楼西餐厅格调优雅,伴有优美的钢琴演奏,既可把酒谈心,又可商务洽谈。二楼中餐厅宽敞明亮,提供精美可口的广东美食,可供500人同时用餐,设有包厢27间。三楼设有保健按摩服务,让客人在商务、旅游之余得到全身心的放松。酒店还设有一个能容纳200人的多功能会议室,7个中小型会议室,并提供方便快捷的网络服务。

海南宝华海景大酒店

海南宝华海景大酒店凭海而立,面向芳草如茵的万绿园和壮丽的琼州海峡。酒店作为海南省十佳

HAIKOU VOLCANOES | 海口火山

旅游饭店和海口市首批旅游名牌饭店，是海南省唯一通过ISO9002和ISO14001双认证的四星级滨海商务酒店。酒店21米高的大堂按照中国传统风水学布局设计，独特的四棱锥玻璃穹顶采光明亮、气势恢宏。酒店有全新装修的418间客房，包括：市景、海景标准房，海景套房，行政楼层豪华商务房及欧式、中式、日式套房、明代风格总统套房等。

▲ 海口喜来登酒店
（http://www.geopark-leiqiong.com）
酒店地址：海口市秀英区滨海大道199号
联系电话：0898-68708888

▶ 海口椰海大酒店
（http://www.geopark-leiqiong.com）
酒店地址：龙华区金融贸易区玉沙路46号
联系电话：0898-68598888

▼ 海南宝华海景大酒店
（http://www.geopark-leiqiong.com）
酒店地址：海口市龙华区滨海大道69号
联系电话：0898-68536699

海口泰华酒店

  海口泰华酒店位于海口市滨海大道泰华路2号,毗邻海口市标志性建筑——世纪大桥,前接金融贸易区,后连大型休闲帆船港口,距离海口港码头10分钟车程,距离粤海铁路20分钟车程,距离海口美兰机场25分钟车程。酒店整体风格具有浓郁的东南亚热带情调,环境幽雅静谧,置身其中仿若进入风景秀丽的庭院,被中外宾客美誉为"都市浪漫庄园"。海口泰华酒店于1986年3月15日正式开业,被国家旅游局评定为全国首批三星级酒店,曾创下海南经济特区酒店业发展史上数个第一:第一家中外合作经营旅游涉外的酒店,第一家引进和实施国际先进管理经验的酒店,第一家沿海构筑具有热带滨海风光的花园别墅式酒店。

▲ 海口泰华酒店
(http://www.geopark-leiqiong.com)
酒店地址:滨海大道泰华路2号
联系电话:0898-66772990

其他宾馆

  海口石山火山群国家地质公园周边除上述接待宾馆外,在公园附近还有以下一些宾馆。

石山火山群地质公园周边的其他宾馆

序号	名称	地址	星级	电话
1	海南君华海逸酒店	海口文华路18号	五星	0898-68548888
2	海南新国宾馆	海口滨海西路111号	五星	0898-68715666
3	海口天佑大酒店	海口滨海西路239号	五星	0898-31688855
4	海口明光大酒店	海口南海大道9号	五星	0898-32166666
5	海口观澜湖度假酒店	海口观澜湖大道1号	五星	0898-68683888
6	海口中银海航国商酒店	海口大同路38号	四星	0898-66561385
7	海口黄金海景大酒店	海口滨海大道67号	四星	0898-68519988
8	海南金银岛大酒店	海口南天路16号	四星	0898-66763388
9	海南鑫源温泉大酒店	海口海秀东路18-8号	四星	0898-66735111
10	海南太阳城大酒店	海口龙华路16号	四星	0898-66206666
11	海南凯威大酒店	海口港浮路20号	四星	0898-68628288
12	海南和亿华天酒店	海口龙昆北路9-1号	四星	0898-66799988
13	海南鸿运大酒店	海口海秀大道15号	四星	0898-36665606

风味美食

民以食为天，食以美为先。在中国最南端的美食之乡，自然有独一无二的美食，纯天然生态的火山木瓜、味美肉鲜的火山壅羊、地道小吃海南粉等。地质公园的珍奇佳肴数不胜数，美食饕餮盛宴尽情享用。

▼ 壅羊
▶ 椰子鸡
▶ 木瓜盅
▶ 海南粉

地质公园所在地海口风味美食极为丰富，美食小吃数不胜数，早有"国际美食之都"的称谓，地质公园更是在火山土壤中孕育生长了风味独特的"火山美食"。人在旅途中，唯有美食与美景不可辜负，你还在等什么呢？

火山壅羊

火山壅羊天然野性，以火山灌木叶、草藤为食，饮山间矿泉，胆固醇低，肉嫩皮薄无膻味，属羊中上品，自古以来，享有盛名，历代皆被列为朝中"贡品"。火山酒家所烹制的壅羊方法有：原味、汤涮、干煸、红炖羊肉、药炖羊胎等多种方式，烹调手法细致、讲究，佐料味道奇特、玄妙。

椰子鸡

椰子鸡是一道色香味俱全的名肴，

用椰子和嫩鸡蒸煮而成，口味咸鲜，椰味芬芳，汤清爽口，有益气生津的效果。除了鲜香十足的壅羊和椰子鸡，更有瓜果珍品火山木瓜，火山木瓜生长于富含微量元素的火山土壤，肉滑汁多，清纯香甜，营养丰富，抗衰养颜，防癌治癌。生食、炖汤、清炒俱佳。

海南粉

到了海口你就不得不吃上一口最地道的海南粉，海南粉是海南最具特色的风味小吃，流传历史久远，是节日喜庆必备，象征吉祥长寿。海南粉多味浓香，柔润爽滑，刺激食欲，故多吃而不腻，爱吃辣的加一点辣椒酱则更起味，吃到末尾剩下少量粉时，加进一小碗热腾腾的海蚌汤掺和着吃，更是满口喷香，回味无穷。

老爸茶

老爸茶是海口的特色茶文化，早上和下午是吃茶的黄金时间。可别误会茶是用来"吃"的其实是因为在老爸茶店里，茶只是配角，各种美味的点心、甜品、粉面、地方小吃等才是真正的主角。找一个闲来无事的下午和几个朋友约一桌老爸茶听着鸟叫，吹着小风，一起融入悠闲的海口生活吧。

演丰咸水鸭

演丰咸水鸭以当地麻鸭、红鸭、白鸭为主要品种，放养于淡水和海水交界处的滩涂地，以玉米、稻谷及滩涂上的小贝壳、小鱼虾为主食，饲养期120天以上，体重约2.5千克，肉质介于养殖鸭与野鸭之间，皮下脂肪层薄而肉质坚实，肉色由鲜红变黝黑，口味香浓，滑而不腻。

▼ 老爸茶
▼ 演丰咸水鸭

HAIKOU VOLCANOES | 海口火山

游览指南

> 神奇的地质活动创造了火山地质遗迹,海口石山火山群国家地质公园中火山锥遍布,各种次级的火山地貌丰富,游览其中,感受神奇的地球活动,体验万年前的火山演变,看山、赏水,体验不一样的火山风景。等闲识得东风面,万紫千红总是春。海口四季美景,各有千秋,不同的季节,不同的美景。我们邀请您回归自然,来到海口,为您倾情奉献系列精品旅游路线。

海口石山火山群国家地质公园旅游项目的发展原则是以热带火山景观与生态、文化内涵的观光型旅游产品为基础,大力推出火山温泉为特色的休闲度假养生型产品,加强科普与科考型旅游产品,精心推出对环境友好的生态旅游,发展乡村旅游,同时抓好节庆旅游,在实践中不断完善,构建游赏、游玩、游憩、游学的多类型旅游产品系列。

观光型旅游

综合性观光游览一日游:早晨八点早餐过后从酒店出发,根据门票依次游览主园区内的室内外火山博览区—火山口核心景区—火山丛林生态景观区—火山文化民俗文化展示区,使游客获得以热带火山与文化为主题世界地质公园总体印象,傍晚游览结束,园区内提供相关餐饮。夜晚体验火山浪漫之夜,带上你爱的人,给你如火的热情。以火山为背景,运用现代声光电方法,展示火山喷发景观,文艺实景演出,并结合露天餐饮。

火山石古村落文化体验性一日游:走进古村落(荣堂村、儒豪村、龙群村、儒穴村)感受人与火山(石)相处的历史脉络,体验民俗文化。

热带生态丛林、果园体验性观光一日游:在主园区内火山丛林生态区和邻近的魁星热带果园进行观赏,在果园内品尝、采摘、购买。

休闲度假游

第一日早晨在园区内就餐后,在主园区火山与民俗文化展示区游览地质公园内的火山特色,了解周边民俗文化,参观火山丛林生态景区或温泉休闲区,安排参与性旅游,品尝特色餐饮。次日适当组织在公园内登山健身等各项活动和赴公园外旅游,在冬季大力推出避寒疗养休闲度假产品。最后几日安排火山温泉泡脚、嬉泉、喷泉、小型水上娱乐活动,下午和晚上体验特色火山岩泡浴、理疗、火山泥疗、中医、推拿、气功、太极拳、药膳及健身活动,使充实的旅程得以充分的休息和调整,整个行程3~7天为主,也可拆分单日游、两日游,分别游览。

会议与节庆游

面向在海口、海南举办的各种会议、大型企业活动在公园进行团队联谊、小型研讨会议等活动,推出会后或会间旅游,提供在主园区游览与会餐服务。结合传统节日推出公园特定内容的旅游,结合中秋节、端午节、春节、重阳节、情人节、母亲节、青年节,以及本地区的军坡节等推出本公园特色旅游项目,敬请期待!

▲ 雾中的火山口
▲ 地质公园火山博物馆
▶ 地质公园火山科普馆

科普科考游

海口石山火山群国家地质公园拥有丰富的地质遗迹和地貌景观，具有重要的科学研究意义，是科学考察和科普教育的优良场所，公园根据不同年龄段人群，设立了具有针对性的旅游路线，无论你多大年龄，无论你是何目的，来到这里总有适合你的旅游线路，在此推荐5条地质公园科普考察路线。

路线一：热带火山科普旅游。面向中小学生，开展参观博物馆（区）活动，观看立体电像，游览火山及熔岩隧道，举办童趣的知识讲座、趣味知识问答及各类趣味性竞赛活动，行程轻松愉快，以提升兴趣为主，是与小朋友共度节假日的理想旅游路线。整体时间在1~2天，根据要求做出合理规划。

路线二：趣味性火山探索发现之旅。面向高中生或大学生，提供火山地形图、指南针，让学生自己识别火山，识别植物，去探索发现，启发科学兴趣，热爱自然。

路线三：火山地震避灾体验性教育旅游。面向社会各界，特别是青少年在公园特定区内接受火山与地震知识，体验防灾避灾方法与感

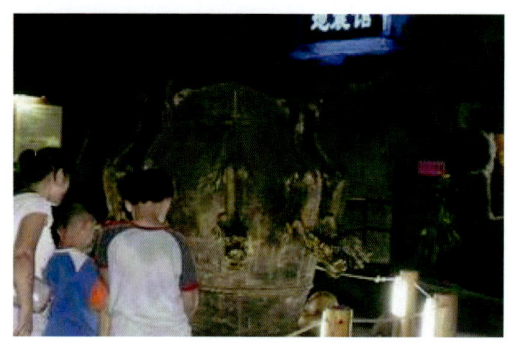

◀ 现场地震科普
▼ 一字岭地质科考剖面

受；结合野外生存拓展训练，亦可带领学员去观看地震遗址。

路线四：不同专业学生教学实践旅游。地质、地理、生态、植物、旅游等专业学生在公园内进行教学实践与调查。公园提供向导等服务，由学校派指导老师，时间不定，具体可由学校与公园协商日期、行程。

路线五：火山地质科考旅游。面向地质专业人员或地质爱好者，对马鞍岭、美社岭、双池岭、一字岭、罗京盘、雷虎岭进行考察。石山火山群地质公园中包含多成因火山锥，丰富的地质、地貌现象，包括地质学、地理学、火山地质灾害等多学科都可进行实际考察、理论研究。公园可安排专家型导游讲解，或发放考察指南，自助考察。

HAIKOU VOLCANOES 海口火山

生态景观游

海口石山火山群国家地质公园在玄武岩台地上发育了热带季雨林、亚热带绿阔林、稀树刺灌木草丛、石山灌木草丛,以及热带经济作物,构成具有独特性热带火山生态景观。除此之外,公园内外现有的玄武岩火山石古村落,如荣堂村、儒豪村等,其房屋墙体和路面全部用玄武岩石块砌成,别具风格。结合公园特点,推出了特色旅游路线。

面向生态旅游爱好者,进行火山观赏、生态与古村落体验相结合,以徒步为主的生态型旅游,共设计3条特色生态旅游线路:① 美社村(岭)—昌道岭—春藏村;② 双池岭—道堂村、儒穴村、三卿村—吉安岭;③ 罗京盘—雷虎岭。

乡村旅游

面向海口市公众,参观生态文明村,欣赏热带火山生态,参加田间活动,吃农家饭,住农家"石屋",欣赏民俗和民间演艺,购农家产品(美社村、道堂村)。乡村旅游亦可开展庙会式产品展销与旅游相结合,以自驾游为主,我的旅途我做主!

▲ 火山旅游栈道
▼ 美社村

113

休闲娱乐

谁不希望有精彩人生？去探险、去邂逅、去疯狂，哪怕就一次，也要体验最奇特的旅程。来海口，到石山火山群地质公园，不只有风光，还有极度诱惑的特色活动，在中国最南释放内心火热，定让您永生难忘！

军坡节

军坡节是一个极具海南特色的传统节日，也是海南最隆重的庆典，据传至今已有上千年的历史。魏晋南北朝时期，冼夫人来到海南岛平定叛乱，之后又大胆改革，改善了海南人民的生活，百姓心中感恩，为了纪念冼夫人的丰功伟绩，每年2月初，海南各地开始"闹军坡"，一般为4天，模仿冼夫人当年行军出征的英姿，行军巡村；在宗庙祠堂庄重地举行祭祀仪式，烧香叩拜，

进贡美食。如果您选择在即将春暖花开的 2 月来到海口石山，欢迎共同加入到这热烈的氛围中来，一起纪念先人，一起游街玩乐。

◀ 军坡节
▼ 三角梅花展

三角梅花展

三角梅热情奔放、坚忍不拔的品质，是海口精神和形象的重要体现，寄托着人们对美好生活的向往，更是海口的市花。花展期间设有 10 余项系列活动，以及相继推出各种定制产品。全力打造"看花海、走花道、闻花香、品咖啡、听花吧、购花物、爱花屋"为一体的户外体验展，向民众传递花园文化，引领大家开启花园生活新方式。踏春赏花，美丽乡村与爱同行，在花展一起体验生活之美，感受丰富、美化自然景观和色调。

万春会

海口万春会除夕"开闹"，年味足、活动多，相约一起赏花灯，万春会期间开展传统民俗活动、特色小吃餐饮、文艺汇演、花灯展示、新春游园

等文化娱乐活动，让您在文明时尚、和谐欢乐、民俗民韵的节日氛围中感受海口的风采和韵味，海口是您欢度春节外出旅游的理想去处，让您感受南国的春意渐浓。

▲ 万春会盛况
▼ 帆船竞技场景
▶ 日落
▶ 日出
▶ 海南国际椰子节

帆船竞技

海口假日海滩，一排排帆船逐浪追梦，享受海口清澈的水质。每年冬季，大批水上运动爱好者到海口参加各类水上运动。水温条件好、海域适中使海口有着非常好的地理位置优势。近几年，帆船帆板运动在海口持续发展，获各项政策、资金的大力支持，以及基础设施等不断完善，使得海口帆船赛事活动不断增加，帆

船赛事逐渐向群众运动发展。如果您也是帆船爱好者，对大海有着无限的迷恋和执着，还等什么呢，赶快加入进来吧！

赏日出与晚霞

日出江花红胜火，春来江水绿如蓝。诗意的风景正是我们所拥有的，在某个早起的清晨，某个愉悦的傍晚，坐依马鞍岭最高峰，南望南渡江江水，感受阳光带给我们的温暖。当天边泛起微微光亮时，海水很柔，小浪花泛起的雾气萦绕着海面，风景美得如梦幻般缥缈。

海南国际椰子节

海南国际椰子节，是海南省大众参与、面向世界的综合性、国际性的大型商业旅游文化节庆，融旅游、文化、民俗、体育、经贸于一体，以海南椰文化和黎苗"三月三"民俗为主要特色；自1992年举办以来，每年的海南国际椰子节是海南规模和影响最大的地方节庆活动，吸引了众多国内外旅游者和客商，起到了"让世界了解海南，让海南步步走向世界"的作用。在这期间不仅能品尝到各类椰子佳品，还有丰富多彩的节日活动，如文艺演出、大型灯会、花车巡游等。

特色产品

海口石山火山群国家地质公园物产丰富,有永兴荔枝、永兴黄皮、石山黑豆海口蜜柚、火山石斛、海口莲雾等。山杰地灵,奇珍异宝,大自然对人类的馈赠,看得到,带得走,为家人、为朋友、为自己,选择不可多得的特产珍品,也不枉到此一游。

永兴荔枝

永兴荔枝是海南省海口市秀英区的特产。永兴镇素有"荔枝之乡"美称,永兴镇依托独特的火山生态优势,保存着不同类型品系的原生荔枝约万株,是世界原生荔枝资源博物园。由于汲取火山地带土壤中的多种矿物元素,永兴荔枝果大、核小、味美、色艳,常食有保健功效。品质较好的品种有大丁香、紫娘喜、无核荔枝、玉潭蜜荔等,其中南岛无核是永兴荔枝中的极品,为世所罕见的珍贵无核种质,被誉为"中华第一荔"。

▲ 永兴荔枝
▼ 永兴黄皮

永兴黄皮

海口市永兴镇是世界黄皮原产地之一,其野生黄皮林生长年代久远,是世界黄皮种质资源基因库之一。永兴黄皮从野生黄皮林中精选

优良品种进行嫁接改良、驯化培育，不断提升黄皮质量，培育出了世界独有的本地黄皮品种，真正造就了海口永兴黄皮的"人无我有，独一无二"。

石山黑豆

石山人世世代代与火山土壤打交道，多年来一直延续种植黑豆的传统。出于对火山土壤的热爱和黑豆的了解，他们创造了自成一脉的古法种植，人工开垦除草，不使用化学药剂，种子代代筛选。当地农民选择用最原始的方法栽培火山黑豆，却最大限度地保存了土壤的天然营养和肥力，保证了黑豆的天然无公害的优良品质。

海口蜜柚

海口蜜柚是十分理想的营养保健型优质水果，柚汁中的全糖与可滴定酸含量适宜，富含多种维生素及镁、钙、铜等 10 多种对人体有益的矿物质营养元素。海口蜜柚果大皮薄，瓤肉饱满而无籽，细细品尝，口感多汁柔软，甜蜜中给人清新之感。而且红肉蜜柚营养丰富，含有的天然色素更是对人体十分有益。

火山石斛

海口火山石斛，依托其他地区无法复制的火山熔岩地貌，打造石斛独特火山品种和药用特性，种植于万年火山石，富含硒、钠、镁、铝、硅、钙、铁等数 10 种矿物质和微量元素，是地道珍贵南药。石斛碱含量高达 0.6 以上，其有效成分高于国家药典标准 1.5 倍，早有"北有霍山，南有火山"之美名。石斛

▲ 石山黑豆
▲ 海口蜜柚
▼ 火山石斛

性味甘淡微咸、寒，归胃、肾、肺经，益胃生津，滋阴清热，用于阴伤津亏、口干烦渴、食少干呕、病后虚热、目暗不明。

海口莲雾

莲雾，向来是海口市的优质产业之一，其种植面积广、规模大。海口莲雾，果实清甜爽口，鲜脆多汁，富含多种维生素和矿物质元素，营养价值极高，素有"人间圣果，天上仙桃"的美称。现有品种"中国红莲雾"和"黑金刚莲雾"均为海南省的优质热带水果品种，广受消费者的喜爱。

▲ 海口莲雾
▼ 海南咖啡
▼ 海南波罗蜜

海南咖啡

海南的咖啡十分著名。海南的地理条件最适宜生产高档的咖啡豆，国际上生产名牌咖啡的厂家，也在海南采购咖啡豆。海南的咖啡加工厂家众多，加工技术日趋进步，火山咖啡已成品牌。此外，炒咖啡香味浓烈，椰奶咖啡品味独特，在海南咖啡饮料产品中各显奇能。

海南波罗蜜

波罗蜜又名木菠萝、树菠萝，是一种桑科乔木，原产于印度、东南亚一带，在热带潮湿地区广泛栽培。隋唐时，波罗蜜从印度传入中国，目前在海南普遍栽培，福建、广东、广西、云南等地也有栽培，但是主要产地还是在海南，现在已成为海南水果中的一大特产。波罗蜜可以分为干苞波罗蜜和湿苞波罗蜜两种，干苞波罗蜜果汁少，肉瓤肥厚、甜滑、甘美，香气很足；湿苞波罗蜜多汁、味甜，香气特殊而浓。市场上卖的一般都是干苞波罗蜜。

景区常用电话

对海口石山火山群国家地质公园感兴趣吗？想尽快了解更多的有趣咨询吗？赶快联系我们吧！

园区办公室：0898-65469666； 传真：0898-65469555
散客窗口：0898-65469121
团队窗口：0898-65469668
园区入口：0898-65469586
保安部：13976633025
商场：0898-65468161
酒家：0898-65468888
海口市旅游局电话：0898-66797846
雷琼世界地质公园网址：http://www.geopark-leiqiong.com

游客须知

神奇的海口石山火山群国家地质公园，成了令人心旷神怡的旅游目的地，也是开展科普教育的自然课堂，人们来到这里科考、游览、休闲、观光，同时要热爱、保护这片热土，使其成为可持续的国际旅游目的地。

- 公园属于热带和亚热带季风气候为主，长夏无冬，请根据当地气温适当增减衣物；
- 室外紫外线照射较强，请带好防晒用品，注意时刻防晒；
- 公园内蚊虫较多，请携带驱蚊液，以防蚊虫叮咬，公园内时常有蛇出没，请注意安全；
- 公园面积大，地形复杂，登山时请勿进入未开发区域，请勿携带火种上山；
- 请勿向河、湖、海内丢弃废弃物，请勿破坏地质遗迹和文物古迹；
- 外出旅行可根据自身情况携带感冒药、晕车药、创可贴等，以备不时之需；
- 公园景点多，部分距离较远，请提前规划好行程；
- 住宿请选择正规酒店及民宿；
- 自驾出游，请遵守交通规则。

主要参考文献资料

白志达,徐德斌等.2003.琼北马鞍岭地区第四纪火山活动期次划分[J].地震地质,25:12-20.

博雅特产网.http://shop.bytravel.cn/produce/index474.html.

崔玉超.2009.琼北地区石山组玄武岩及其熔洞形成机理初探[J].北京工业职业技术学院学报,8:27-31.

段政,张翔等.2021.琼北地区第四纪火山地质遗迹类型与地学意义[J].地球学报,(01):111-123.

樊祺诚,孙谦等.2004.琼北火山活动分期与全新世岩浆演化[J].岩石学报,(03):533-544.

冯晶晶,赵勇伟等.2022.琼北晚第四纪火山锥体形貌与喷发机制[J].地震地质,44:1107-1125.

海口南渡江两岸怎么设计,争取打造成海口新名片.2017.http://www.hnhfang.com.

海口市人民政府.http://www.haikou.gov.cn.

海南省地质地理学会,海南椰湾集团有限公司.2002.海南石山火山群综合考察报告[R].

海南省地质调查局.2018.海口石山火山群国家地质公园地质遗迹调查报告[R].

黄镇国等.1993.雷琼第四纪火山[M].北京:科学出版社.

雷琼世界地质公园管理委员会.www.geopark-leiqiong.com.

陶奎元.2012.中国熔岩隧道景观特征与成因[J].资源调查与环境,33(04):274-278.

魏海泉,白志达等.2003.琼北全新世火山区火山系统的划分与锥体结构参数研究[J].地震地质,(S1):21-32.

赵志中,张俪缤等.2020.海口石山第四纪火山隧道研究[M].北京:地质出版社.

Calvari S,Pinkerton H.1999. Lava tube morphology on Etna andevidence for lava flow emplacement mechanisms [J]. Journal of Volcanology and Geothermal research,90: 263-280.

Donald W. Peterson, Robin T, Holcomb Robert I, et al..1994. Development of lava tubes in the light of observations at Mauna Ulu, Kilauea Volcano, Hawaii. Bull Volcanol , （56）:343-360.

Gerrley R.1971.Lava tubes and channels in the Lunar Marius hills[J]. The Moon,3:289-314.

Kan Tu,Martin F. J. Flower, et al. 1991. Sr, Nd, and Pb isotopic compositions of Hainan basalts: Implications for a subcontinental lithosphere Dupal source[J]. Geology, （6）.

中国国家地质公园丛书编制出版编目

ZHONGGUO GUOJIA DIZHIGONGYUAN CONGSHU BIANZHI CHUBAN BIANMU

卷本编号	分册序号	国家地质公园目录
		第一卷 北京卷
1	025	北京石花洞国家地质公园
2	036	北京延庆硅化木国家地质公园
3	062	北京十渡国家地质公园
4	166	北京密云云蒙山国家地质公园
5	175	北京平谷黄松峪国家地质公园
		第二卷 天津卷
1	019	天津蓟县国家地质公园
		第三卷 河北卷
1	027	河北涞源白石山国家地质公园
2	029	河北秦皇岛柳江国家地质公园
3	032	河北阜平天生桥国家地质公园
4	069	河北赞皇嶂石岩国家地质公园
5	070	河北涞水野三坡国家地质公园
6	100	河北临城国家地质公园
7	108	河北武安国家地质公园
8	165	河北兴隆国家地质公园
9	170	河北迁安－迁西国家地质公园
10	192	河北邢台峡谷群国家地质公园
11	206	河北承德国家地质公园
		第四卷 山西卷
1	030	黄河壶口瀑布国家地质公园
2	120	山西五台山国家地质公园
3	133	山西壶关峡谷国家地质公园
4	134	山西宁武冰洞国家地质公园
5	177	山西陵川王莽岭国家地质公园
6	183	山西大同火山群国家地质公园
7	191	山西平顺天脊山国家地质公园
8	195	山西永和黄河蛇曲国家地质公园
9	228	山西榆社古生物化石国家地质公园
		第五卷 内蒙古卷
1	014	内蒙古克什克腾国家地质公园
2	066	内蒙古阿尔山国家地质公园
3	122	内蒙古阿拉善沙漠国家地质公园
4	147	内蒙古二连浩特国家地质公园
5	159	内蒙古宁城国家地质公园
6	208	内蒙古巴彦淖尔国家地质公园
7	210	内蒙古鄂尔多斯国家地质公园
8	226	内蒙古清水河老牛湾国家地质公园
9	236	内蒙古四子王地质公园
		第六卷 辽宁卷
1	049	辽宁朝阳鸟化石国家地质公园
2	125	大连滨海国家地质公园
3	130	辽宁本溪国家地质公园
4	137	大连冰峪沟国家地质公园
5	225	辽宁锦州古生物化石和花岗岩地质公园
6	241	辽宁葫芦岛龙潭大峡谷地质公园
		第七卷 吉林卷
1	077	吉林靖宇火山矿泉群国家地质公园
2	140	吉林长白山火山国家地质公园
3	181	吉林乾安泥林国家地质公园
4	207	吉林抚松国家地质公园
5	230	吉林四平地质公园
		第八卷 黑龙江卷
1	006	黑龙江五大连池火山地貌国家地质公园
2	024	黑龙江嘉荫恐龙国家地质公园
3	083	黑龙江伊春花岗岩石林国家地质公园
4	090	黑龙江镜泊湖国家地质公园
5	127	黑龙江兴凯湖国家地质公园
6	179	黑龙江伊春小兴安岭国家地质公园
7	219	黑龙江凤凰山国家地质公园
8	240	黑龙江山口地质公园
		第九卷 上海卷
1	138	上海崇明岛国家地质公园
		第十卷 江苏卷
1	075	江苏苏州太湖西山国家地质公园
2	121	江苏六合国家地质公园
3	158	江苏江宁汤山方山国家地质公园
4	239	江苏连云港花果山地质公园
		第十一卷 浙江卷
1	026	浙江常山国家地质公园
2	038	浙江临海国家地质公园

中国国家地质公园丛书编制出版编目

卷本编号	分册序号	国家地质公园目录
3	047	浙江雁荡山国家地质公园 ■
4	055	浙江新昌硅化木国家地质公园 ■

第十二卷 安徽卷

1	012	安徽黄山国家地质公园 ■
2	028	安徽齐云山国家地质公园
3	035	安徽浮山国家地质公园
4	041	安徽淮南八公山国家地质公园
5	060	安徽祁门牯牛降国家地质公园
6	089	安徽天柱山国家地质公园
7	092	安徽大别山（六安）国家地质公园
8	145	安徽池州九华山国家地质公园
9	182	安徽凤阳韭山国家地质公园 ■
10	198	安徽广德太极洞国家地质公园
11	200	安徽丫山国家地质公园
12	229	安徽灵璧磬云山地质公园
13	237	安徽繁昌马仁山地质公园

第十三卷 福建卷

1	008	福建漳州滨海火山地貌国家地质公园
2	021	福建大金湖国家地质公园 ■
3	058	福建晋江深沪湾国家地质公园
4	067	福建福鼎太姥山国家地质公园
5	078	福建宁化天鹅洞群国家地质公园
6	091	福建德化石牛山国家地质公园
7	096	福建屏南白水洋国家地质公园
8	103	福建永安国家地质公园
9	149	福建连城冠豸山国家地质公园
10	167	福建白云山国家地质公园 ■
11	194	福建平和灵通山国家地质公园
12	197	福建政和佛子山国家地质公园
13	231	福建清流温泉地质公园
14	232	福建三明郊野地质公园

第十四卷 江西卷

1	004	江西庐山第四纪冰川国家地质公园 ■
2	011	江西龙虎山丹霞地貌国家地质公园
3	102	江西三清山国家地质公园
4	124	江西武功山国家地质公园
5	234	江西石城地质公园

第十五卷 山东卷

1	018	山东山旺国家地质公园
2	034	山东枣庄熊耳山国家地质公园
3	079	山东东营黄河三角洲国家地质公园
4	086	山东泰山国家地质公园
5	101	山东沂蒙山国家地质公园 ■
6	114	山东长山列岛国家地质公园
7	144	山东诸城恐龙国家地质公园 ■
8	164	山东青州国家地质公园 ■
9	185	山东莱阳白垩纪国家地质公园
10	202	山东沂源鲁山国家地质公园
11	224	山东昌乐火山地质公园

第十六卷 河南卷

1	003	河南嵩山地层构造国家地质公园 ■
2	022	河南焦作云台山国家地质公园
3	037	河南内乡宝天幔国家地质公园
4	045	河南王屋山国家地质公园
5	051	河南西峡伏牛山国家地质公园
6	054	河南嵖岈山国家地质公园
7	088	河南郑州黄河国家地质公园
8	099	河南关山国家地质公园
9	107	河南洛宁神灵寨国家地质公园
10	110	河南洛阳黛眉山国家地质公园
11	117	河南信阳金刚台国家地质公园
12	173	河南小秦岭国家地质公园
13	176	河南红旗渠—林虑山国家地质公园
14	211	河南汝阳恐龙国家地质公园
15	214	河南尧山国家地质公园

第十七卷 湖北卷

1	073	长江三峡国家地质公园（湖北）
2	104	湖北神农架国家地质公园
3	132	湖北木兰山国家地质公园
4	136	湖北郧县恐龙蛋化石群国家地质公园
5	143	湖北武当山国家地质公园 ■
6	171	湖北黄冈大别山国家地质公园 ■

卷本编号	分册序号	国家地质公园目录	卷本编号	分册序号	国家地质公园目录
7	203	湖北五峰国家地质公园	10	221	广西都安地下河地质公园
8	213	湖北咸宁九宫山—温泉国家地质公园	11	233	广西罗城地质公园
9	220	湖北恩施腾龙洞大峡谷地质公园			**第二十一卷 海南卷**
10	223	湖北长阳清江地质公园	1	074	海南海口石山火山群国家地质公园 ■
		第十八卷 湖南卷			**第二十二卷 重庆卷**
1	002	湖南张家界砂岩峰林国家地质公园 ■	1	065	重庆武隆岩溶国家地质公园
2	042	湖南郴州飞天山国家地质公园	2	073	长江三峡国家地质公园（重庆）
3	043	湖南崀山国家地质公园	3	084	重庆黔江小南海国家地质公园
4	098	湖南凤凰国家地质公园	4	131	重庆云阳龙缸国家地质公园
5	118	湖南古丈红石林国家地质公园	5	160	重庆万盛国家地质公园
6	126	湖南酒埠江国家地质公园	6	178	重庆綦江木化石—恐龙国家地质公园
7	154	湖南乌龙山国家地质公园	7	209	重庆酉阳国家地质公园
8	169	湖南湄江国家地质公园 ■			**第二十三卷 四川卷**
9	196	湖南平江石牛寨国家地质公园	1	007	四川自贡恐龙古生物国家地质公园
10	218	湖南浏阳大围山国家地质公园 ■	2	010	四川龙门山构造地质公园
11	222	湖南通道万佛山地质公园 ■	3	017	四川海螺沟国家地质公园
12	227	湖南安化雪峰湖地质公园	4	020	四川大渡河峡谷国家地质公园
		第十九卷 广东卷	5	033	四川安县生物礁国家地质公园
1	016	广东丹霞山国家地质公园	6	046	四川九寨沟国家地质公园
2	031	广东湛江湖光岩国家地质公园	7	048	四川黄龙国家地质公园
3	081	广东佛山西樵山国家地质公园	8	064	四川兴文石海国家地质公园 ■
4	085	广东阳春凌霄岩国家地质公园	9	094	四川射洪硅化木国家地质公园
5	093	广东深圳大鹏半岛国家地质公园	10	095	四川四姑娘山国家地质公园
6	097	广东封开国家地质公园	11	113	四川华蓥山国家地质公园
7	135	广东恩平地热国家地质公园	12	119	四川江油国家地质公园
8	168	广东阳山国家地质公园	13	152	四川大巴山国家地质公园
		第二十卷 广西卷	14	157	四川光雾山—诺水河国家地质公园
1	044	广西资源国家地质公园	15	212	四川青川地震遗迹国家地质公园
2	050	广西百色乐业大石围天坑群国家地质公园	16	216	四川绵竹清平—汉旺国家地质公园
3	053	广西北海涠洲岛火山国家地质公园			**第二十四卷 贵州卷**
4	106	广西凤山岩溶国家地质公园	1	052	贵州关岭化石群国家地质公园
5	123	广西鹿寨香桥岩溶国家地质公园	2	063	贵州兴义国家地质公园 ■
6	156	广西大化七百弄国家地质公园	3	080	贵州织金洞国家地质公园 ■
7	163	广西桂平国家地质公园 ■	4	082	贵州绥阳双河洞国家地质公园
8	189	广西宜州水上石林国家地质公园	5	115	贵州六盘水乌蒙山国家地质公园
9	199	广西浦北五皇山国家地质公园	6	128	贵州平塘国家地质公园

卷本编号	分册序号	国家地质公园目录	卷本编号	分册序号	国家地质公园目录
7	150	贵州黔东南苗岭国家地质公园	3	061	甘肃景泰黄河石林国家地质公园
8	153	贵州思南乌江喀斯特国家地质公园■	4	071	甘肃平凉崆峒山国家地质公园
9	204	贵州赤水丹霞国家地质公园■	5	155	甘肃和政古生物化石国家地质公园
第二十五卷 云南卷			6	172	甘肃天水麦积山国家地质公园
1	001	云南石林岩溶峰林国家地质公园■	7	190	甘肃炳灵寺国家地质公园
2	005	云南澄江动物群古生物国家地质公园	8	201	甘肃张掖国家地质公园
3	015	云南腾冲火山国家地质公园	9	235	甘肃宕昌官鹅沟地质公园
4	056	云南禄丰恐龙国家地质公园	10	238	甘肃临潭冶力关地质公园
5	059	云南玉龙黎明—老君山国家地质公园	**第二十九卷 青海卷**		
6	087	云南大理苍山国家地质公园	1	068	青海尖扎坎布拉国家地质公园
7	141	云南丽江玉龙雪山冰川国家地质公园	2	105	青海久治年宝玉则国家地质公园
8	146	云南九乡峡谷溶洞国家地质公园	3	112	青海格尔木昆仑山国家地质公园
9	184	云南罗平生物群国家地质公园	4	116	青海互助嘉定国家地质公园
10	188	云南泸西阿庐国家地质公园	5	174	青海贵德国家地质公园
第二十六卷 西藏卷			6	205	青海青海湖国家地质公园
1	040	西藏易贡国家地质公园	7	217	青海玛沁阿尼玛卿山国家地质公园
2	129	西藏札达土林国家地质公园	**第三十卷 宁夏卷**		
3	161	西藏羊八井国家地质公园	1	076	宁夏西吉火石寨国家地质公园
第二十七卷 陕西卷			2	151	宁夏灵武国家地质公园
1	009	陕西翠华山山崩地质灾害国家地质公园	**第三十一卷 新疆卷**		
2	030	黄河壶口瀑布国家地质公园	1	057	新疆布尔津喀纳斯湖国家地质公园
3	039	陕西洛川黄土国家地质公园	2	072	新疆奇台硅化木—恐龙国家地质公园
4	111	陕西延川黄河蛇曲国家地质公园	3	109	新疆富蕴可可托海国家地质公园
5	162	陕西商南金丝峡国家地质公园	4	142	新疆天山天池国家地质公园
6	180	陕西岚皋南宫山国家地质公园	5	148	新疆库车大峡谷国家地质公园
7	193	陕西柞水溶洞国家地质公园	6	186	新疆吐鲁番火焰山国家地质公园
8	215	陕西耀州照金丹霞国家地质公园	7	187	新疆温宿盐丘国家地质公园
第二十八卷 甘肃卷			**第三十二卷 香港卷**		
1	013	甘肃敦煌雅丹国家地质公园	1	139	香港国家地质公园
2	023	甘肃刘家峡恐龙国家地质公园			

注：①《中国国家地质公园丛书》分册编目序号，按照国土资源部公布的各批国家地质公园名录顺序编列，该序号为该公园专用号；
②《中国国家地质公园丛书》卷本编号按中国地图集各省（市、区）排序编列；
③ 本编目截至 2014 年 1 月 14 日国土资源部公布的第七批国家地质公园资格；
④ ■为已出版书目。